看见 SEE

诺亚方舟生物多样性保护丛书

王者传奇

快乐的童年

滇金丝猴的"叽叽"

观猴笔记

和鑫明 著

光棍俱乐部

YNK 云南科技出版社

· 昆 明 ·

图书在版编目（CIP）数据

观猴笔记/和鑫明著. -- 昆明：云南科技出版社，
2022.9（2023.12重印）
（SEE诺亚方舟生物多样性保护丛书/萧今主编）
ISBN 978-7-5587-3629-2

Ⅰ.①观… Ⅱ.①和… Ⅲ.①金丝猴－云南－普及读
物 Ⅳ.①Q959.848-49

中国版本图书馆CIP数据核字(2021)第161299号

观猴笔记

GUAN HOU BIJI

和鑫明　著

出 版 人：温　翔
策　　划：高　亢　李　非　胡凤丽
责任编辑：王首斌　唐　慧　张羽佳
整体设计：长策文化
责任校对：张舒园
责任印制：蒋丽芬

书　　号：ISBN 978-7-5587-3629-2
印　　刷：昆明亮彩印务有限公司
开　　本：787mm×1092mm　1/16
印　　张：13.125
字　　数：270千字
版　　次：2022年9月第1版
印　　次：2023年12月第2次印刷
定　　价：88.00元

出版发行：云南科技出版社
地　　址：云南省昆明市西山区环城西路609号云南新闻出版大楼
电　　话：0871-64190886

兴旺　　　　　　　　黄毛　　　　　　　　大花嘴

偏冠　　　　　　　　白脸　　　　　　　　红脸

一点红　　　　　大个子　　　　　兴盛　　　　　二丙　　　　　二乙　　　　　保姆

裂鼻　　　　　白玉顶　　　　　断手　　　　　红点　　　　　春光　　　　　豆芽鼻

序

　　仲夏某夜，我正在值班，接到阿拉善SEE西南项目中心萧今秘书长的电话，说和鑫明写的《观猴笔记》即将付梓，问我可否给这本一线滇金丝猴保护科技人员的书写个序。听到邀请我很惶恐，我对萧老师说，我的身份合适吗？她说这本书是第一手资料，对野生滇金丝猴行为的观察和记录很有意义，这对动物园里饲养动物很有帮助，动物园的参观者和学习野生动物保护的工作者，一定会有兴趣，他们可以从另外一个角度了解动物在野生状态下的生活，学习对动物的保护和管理。听后我欣然应许了。

　　收到书稿，认真看了一遍。白马雪山野生救护站和鑫明站长，用13年时间，巡护观察野生滇金丝猴，并认真记录观察到的现象，整理写成了《观猴笔记》一书。书中翔实地描述了婴幼猴"二丙"在成长过程中的坚强，"兴旺"的英勇战斗及其家族的兴衰，"大个子"的慈父形象，"白鼻"的偷情邀配，大哥哥如何教小弟妹识别有毒的蟾蜍，母亲"腹腹接触式"抚养孩子等滇金丝猴行为的有趣现象。还有，我印象中猴群中的"光棍族"是指年轻的雄性猴子群体，没想到群里还有"无家可归"的老年猴。同时，这本书中还有很多珍贵的滇金丝猴照片，群聚的、独处的、打架的、交配的、理毛的、哺乳的、受伤的等照片，首次全方位地展示了真实的滇金丝猴在山林里的生活，是我们全面了解"雪山精灵"的一本好书，对于从事圈养动物管理和研究的人员也有极好的参考价值。

　　写到这里，我又回想起2018年初，萧今老师邀请我去白马雪山国家级自然保护区，说是响古箐的滇金丝猴野生种群有寄生虫和小猴子受伤，希望北京动物园能够参与救治咨询。听到是野生滇金丝猴疾病救治，我作为北京动物园兽医，马上答应了这个要求，去白马雪山实地察看。那次行程给我的印象特别深刻，在响古箐野生动物救助站，站长和鑫明管理着两名"患者"。我看到了受了伤的2岁多的小公猴"五乙"，它在一次大公猴们的打斗中从树上坠落，右肩胛骨受伤，右臂无法用力，需要治疗；一只是3岁多的小母猴"四丁"，感染了寄生虫。两只猴子被收容在救护站的笼舍里，受到了特别的照顾。如今，当时的患者也成了书中的主角啦！

　　我从书中知道，"五乙"是王者"大个子"的儿子，它长大一点后去了全雄群，那里是成长必经的历练社群。"四丁"是"单疤"的女儿，而"四丁"和"五乙"的父亲分别是"单疤"和"大个子"，它们可是林中对手啊！当"四丁"和"五乙"还在救护站笼舍修养时，全雄群里的老单雄"白脸"常来笼子外看它们。它们从救护站出来后，"白脸"又锲而不舍地在林子里跟着"四丁"，保护它。"白脸"靠自己的执着，终于俘获了"四丁"的"芳心"，"少女"和"大叔"终成眷属，它俩朝夕相处。如今，"四丁"也做了幸福的母亲！

读着这些故事，又像听到了巡护员余叔他们对猴群如数家珍的介绍，看到了巡护人员的辛苦。虽然事情过去几年了，但是好多场景还历历在目。

北京动物园里有5000多只来自全世界的动物，其中滇金丝猴也是来自白马雪山。我们的使命是展示动物和动物的生态环境，让游客认识动物，并更好地保护动物。

这本书又再次体现了白马雪山人对滇金丝猴的爱！

北京动物园副园长、研究员
圈养野生动物技术北京市重点实验室主任
2021年7月4日

自序

　　滇金丝猴是分布海拔最高的非人灵长类动物，只分布在云南省西北部和西藏自治区东南部的局部地区，金沙江和澜沧江之间的云岭山系，海拔梯度在2600～4200米。由于滇金丝猴分布海拔高，常年在雪线附近活动，有"雪山精灵"的美誉。特殊的生活环境造就了滇金丝猴特殊的行为习性，使它们成为最神秘的灵长类动物之一，吸引着人们的目光。

　　回顾与滇金丝猴结缘的历史，首先是一则新闻开启了我对这个物种的认知。1996—1998年，我在云南省林业学校读书，有一天云南新闻联播报道，在维西傈僳族自治县（以下简称维西县）塔城镇发现了一群滇金丝猴——就是现在的响古箐种群。电视画面上，一群滇金丝猴在森林中欢快地取食。在远离家乡的昆明，我第一次在云南电视台中看到了有关家乡的新闻，当时，我的家乡维西县偏僻落后，信息闭塞，出现在省级电视台黄金时段新闻中的机会是寥寥无几的。在这次新闻联播中，我第一次认识了滇金丝猴，知道了它们是一群生活在高山森林中的精灵。没有想到，后来我成为一名滇金丝猴保护工作者，走进了塔城镇这片热土，和它们朝夕相处。

　　说到滇金丝猴，是绕不开白马雪山自然保护区的，从发现到保护，从保护到研究，白马雪山自然保护区一直是开路先锋，白马雪山也生活着数量最多的滇金丝猴种群。维西县塔城镇地处白马雪山自然保护区的南部，是主要的滇金丝猴分布区，境内植被茂密、民风淳朴，是滇金丝猴的天然乐园，分布着响古箐、格化箐、史夸底等滇金丝猴种群，是保护和研究滇金丝猴的首选之地。

　　滇金丝猴生活区域偏僻，它们生性怕人，致使重新发现滇金丝猴的几十年来，我们缺乏对滇金丝猴社会和行为的真正了解。为了了解滇金丝猴，进行滇金丝猴的科学研究和科普教育，保护区在几十年"习惯化"和"辅助性投食"的基础上，不断拉近人与猴的距离。在2008年5月，经过人为分群，将滇金丝猴响古箐种群一分为二，野生群继续在海拔2600～4200米的野外生活繁衍，展示群在海拔2400～3200米的响古箐村附近的森林中生活，这样保证了野生群不被打扰，展示群能够被人接近和观察。本书的主人公就属于响古箐种群中的展示群。

从2008年至今，展示群在最初分出时的80余只的基础上稳步增加，为此我们进行了多次分群，将展示群的多余猴子放归到了野生群中，野生群中的公猴也经常进入展示群抢夺家庭，这保证了两个群体之间的基因交流。目前，展示群数量在60只左右。响古箐展示群是目前唯一能够近距离观察到的野生滇金丝猴群，也是白马雪山自然保护区对外合作交流的窗口，有十余个科研、保护和教育机构以响古箐作为野外基地开展工作。我是2007年因为工作需要来到响古箐的，首先对响古箐野生猴群进行了一年半的跟踪观察，2008年底开始观察展示猴群，对响古箐的滇金丝猴种群有了比较深入的了解。为了方便记录和研究，2009年开始，我对猴群进行了个体和家庭单元的识别，我给每只猴子起了名字，并用主雄（家长）的名字为金丝猴家庭命名。

滇金丝猴的社会是以"一夫多妻"为基础的重层社会，每一个种群由两个部分组成，一是繁殖单元，也称为家庭单元，二是全雄单元，即全部是公猴的小群体。家庭单元和全雄单元的数量依据种群的大小而变化。一个种群由许多的家庭组成，每一个家庭中有一只成年公猴与数只母猴，其下有它们的子女青少年猴、幼猴和婴猴。成年公猴也叫主雄，有"家长"的意味。全雄单元的个体在实力充足后会对主雄发起挑战，替代主雄的位置。母猴也会在家庭之间迁移，公猴和母猴都呈流动的状态。滇金丝猴的社会很类似于我们早期的人类社会，由血缘关系联系的人群组成一个村落，每一个村落由许多的家庭组成，家庭之间因为联姻产生人员流动。

群居的生活习性，使滇金丝猴不仅有丰富的个体行为，而且整个社会秩序井然，相互间有广泛的联系，形成了多姿多彩的社会行为，它们的生活，和平中交织着冲突，冲突后又风平浪静。仔细观察发现，滇金丝猴的社会似乎超出了动物的范畴，上演着一部部"大剧"，波澜壮阔、精彩有趣，集深奥的哲理和浅显的故事为一体，或是像极了快意恩仇的"江湖"。

滇金丝猴的社会中，可以明显地分为成年公猴、成年母猴、青年猴、婴幼猴4个类群，它们共同组成了滇金丝猴社会。本书以这4个类群为单位进行故事的收集、整理、编写。"快乐的童年"，讲述婴幼猴的成长过程；"王者传奇"，讲述居于猴群顶端的3只家长猴的起落，揭示成年公猴的争斗生活；"滇金丝猴的后宫"，用人类后宫为比喻，讲述成年母猴之间的故事；"光棍俱乐部"，讲述全雄单元中青年滇金丝猴的成长和上位，这是猴群中最富话题的群体。以这4个类群的故事，全方位展示真实的滇金丝猴的生活，为我们全面了解"雪山精灵"打开一扇窗。

猴如人，两者同为灵长类，有相似的社会结构，在形态、行为、认知、情感等方面也颇为相似，可以在滇金丝猴的身上追溯我们的来源，以猴知人，乐在其中。

我从2007—2019年，一直在地处塔城镇响古箐的保护区野生动物救护站工作，对响古箐滇金丝猴种群进行了长达13年的观察，积累了大量的野外资料，尤其是对展示猴群进行了个体识别，深入了解了滇金丝猴的社会和生活。在朝夕相处中，我和滇金丝猴建立了深厚的感情，特写本书，纪念十余年来的野外工作和生活，情在其中。

笔者
于2020年11月12日

目录

01

童年的生活　1

讲述婴幼猴的成长过程

02

王者传奇　35

居于猴群顶端的3只家长猴的起落，揭示成年公猴的争斗生活

03

用人类后宫为比喻，讲述成年母猴之间的故事

04

讲述全雄单元中青年滇金丝猴的成长和上位，这是猴群中最富话题的群体

光棍俱乐部　　滇金丝猴的"后宫"　　王者传奇

01

童年的生活

响古箐全貌

好奇的童年

引 言

　　我们如何开启滇金丝猴的认识之旅呢？我们首先将目光聚焦在滇金丝猴的童年阶段，童年正处于生命的幼年时期，我们可以完整地观察它们的成长过程，从而更好地了解它们。在滇金丝猴的社会中，从出生到4岁以内的小猴可以称为是滇金丝猴的童年阶段，此阶段小猴的社会角色和行为表现符合童年的定义。这个时期，它们生活在父母的身边，需要父母的呵护，也开始探索外面的世界。这个阶段在滇金丝猴的成长过程中十分关键。

　　人类的童年是一生中最难忘的，童年留在我们记忆里最多的是快乐，但也有烦恼。然而，大多数人的童年是在父母的呵护下顺利地成长。猴子的童年呢？它们的童年是快乐的吗？它们有烦恼吗？

　　我们在童年时，充满了好奇心，好奇自己从哪里来，好奇日出日落，好奇月亮的阴晴圆缺，好奇周围的世界为什么这样丰富多彩……在好奇心的驱使下，我们开始尝试着去了解周围的世界，甚至做出了许多让人啼笑皆非的事情。幼小的滇金丝猴也和我们一样，它们从出生的那天开始就对周围充满了好奇，想挣脱母亲的怀抱，去探索外面的世界。

　　对于滇金丝猴来说，它们更有必要迅速成长，因为它们生活的环境比人类生活的环境残酷得多，成长才能适应复杂的世界，成长才能够活下去，成长对于它们来说太重要了。

　　让我们追根溯源，去探索滇金丝猴的童年，去了解它们是怎样成长的。

响古箐的春天

春光中成长的婴猴

出 生

　　滇金丝猴生活在2600～4200米的高海拔地带，常年在雪线附近活动，这个地带是生命的禁区，对于新生的弱小生命来说，考验更加残酷，滇金丝猴的小生命是怎样在严酷的环境中生存的呢？我们先从婴猴出生的时间开始说起。

　　滇金丝猴每年春天进入出生季节。一到春天，就有许多可爱的小滇金丝猴来到这个世上，开始它们的生命旅程。为什么选择在春天出生？它们的近亲——人类不是一年四季都有小宝宝出生吗？这里面隐藏着许多秘密，而一切都在围绕如何提高幼子的成活率展开。

　　首先，是为了适应环境中食物的变化。难道小滇金丝猴出生之后就要自己在野外寻找食物吗？当然不是，是猴妈妈要寻找食物，猴妈妈获得食物的多少决定了乳汁的多少，也就决定了猴宝宝的成活和健康状况。

　　在春天，许多阔叶树开始发芽，这对于经过了一个食物匮乏的冬季，加之分娩后身体虚弱的母猴们来说无疑是雪中送炭。它们取食到营养丰富的食物后，身体迅速得到恢复，保证身体能产生充足的乳汁哺育婴猴。夏天是植物生长最旺盛的季节，食物的种类也更丰富了，尤其是竹笋等高营养的食物陆续出

春雪中出生的婴猴

现，让它们能够尽情地补充营养和能量。这时，猴宝宝们处于身体快速发育的阶段，它们也在这个时候开始尝试取食嫩叶等食物，开始适应在自然中生存。

秋天，植物的生长开始进入萎缩期，但果实成熟了，滇金丝猴也迎来为数不多的好日子，因为成熟的果实不仅可口，营养也十分丰富，是冬季萧条期到来之前它们能自由享用的最后的盛宴。冬季的萧条期万物凋敝，是食物最匮乏的季节，这时小猴们大多有8~10个月大了，在母猴乳汁和野生食物的滋养下，身体发生了很大的变化，个子长大了很多，也变得强壮起来。它们逐渐摆脱了对乳汁的依赖，开始大范围地取食野生食物，给猴妈妈减轻了生存食物上的压力。对于它们来说，这种在取食上的改变让它们做好了迎接凛冬的准备。如果它们的出生时间不是在春季，它们身体的发育进程和对食物的适应进程，就不能应付漫长的冬天。

其次，是为了适应天气的变化。春天的天气是温暖柔和的，所以我们用"风和日丽"来形容春天，春天出生的婴猴成活率自然就高。随后，婴猴们将要迎来它们生命中第一波考验——夏天的暴雨。高海拔地区的暴雨一点也不比低海拔的温柔，有时还夹杂着冰雹。这时候婴猴已有三四个月大了，已经脱离了弱不禁风的状况，在父母和家庭成员的帮助下能够度过考验。10月金秋后，真正的考验来了。温度越来越低，大雪降下，凛冬来临，滇金丝猴最难熬的季节到了。这个时候，婴猴们的

换上"冬装"的小猴

外形也发生了变化，它们脱去了出生时的乳毛，换上了厚厚的体毛，颜色也变得更深，运动能力也大大加强，这些变化都有利于御寒。

身体的发育变化是需要一定时间的，这多亏了在春天出生，它们有充足的时间来完成这一系列的蜕变。

滇金丝猴的出生时间是不是充满了智慧？自然界中，适者生存，一切都是为了生存。选择在春天生下婴猴，是滇金丝猴为了适应高海拔地带食物和气候季节性变化而采取的一种成功策略。第一步成功了，它们才能继续往后的生活，成为"雪山精灵"。

爱的海洋

　　动物有没有幸福感，我真不知道，我也没有在文献中找到答案，但小猴子的出生的确会给滇金丝猴家庭带来不一样的东西，整个家庭会处在一种特别的气氛中。这种气氛很难用文字和语言表述，只有身临其境才会感受到。让我们一起来看一只小猴的诞生都给猴家庭带来什么变化吧。

　　有婴猴出生的家庭，家庭成员悄然发生着变化，我们首先说说公猴，"喜当爹"的公猴变得很凶，这种凶不是针对自家的母猴和婴猴，对于自己的家庭成员它们是很温柔的，凶是针对其他家庭的个体，或是人类等。它们会对任何靠近婴猴的其他家庭的猴子或人类进行攻击。在平时，等级高的公猴攻击性很强，有婴猴出生后等级低的公猴攻击性也变强，在这个时候靠近它们不是一个明智的选择。

　　婴猴在这个时候需要保护，公猴凶悍的看护就是最好的爱，它让一切外来的威胁远离婴猴。再者，母猴这个时候很虚弱，而且为婴猴哺乳需要大量的食物和营养，需要公猴驱赶附近的"入侵者"，保证自家领地的食物不被外来者抢占，公猴在这个时候需要成为一名合格的"保镖"。

　　母猴在小猴出生的第一天很安静，可能是因为刚

刚分娩完，身体虚弱，需要安静地休息。它会紧紧地抱着婴猴一刻都不放开，甚至减少取食。它会用慈爱的目光看着婴猴，不时亲吻婴猴，给婴猴梳理一下还沾满羊水的湿漉漉的毛发。不过，你不要被这个平静的表象所欺骗，只要有其他家庭成员靠近它们，母猴就会高声尖叫给予警示，如果再靠近，它会猛烈地攻击来犯者，凶悍程度一点也不比公猴差，甚至摆出以命相搏的架势，让来犯者知难而退。母猴这种动静之间快速自如的切换，应是源于对新生儿强烈的爱。

母亲、姐姐与弟弟

此时最兴奋的要数那些两三岁的小猴子们了，它们为弟弟妹妹的降生躁动不安，一会儿跑出去玩耍和取食，一会儿又跑回来瞧瞧母猴怀中的婴猴，甚至会试图从母猴怀中抱走婴猴，想自己抱抱亲亲弟弟妹妹，母猴在这个时候不会轻易将婴猴给这些爱意泛滥的哥哥姐姐。在随后的时光里，随着婴猴的长大，母猴会减轻对婴猴的控制，哥哥姐姐们才有机会表达自己的感情，同时，它们还会帮助母猴照顾婴猴，减轻母猴的压力，也为它们抚育后代积累经验。

新生儿对于每一种生物来说都是至关重要的。对于我们人类来说，新生儿的降临，代表了血脉的传承，希望的传递，感情的升华。对于野生动物来说，将自己的基因传递下去，延续物种，是它们最原始的本能行为。在滇金丝猴的世界里，成年猴的情感世界会随着新生儿的降生而萌动和迸发，"爱"这种高级的情感活动，此时会表达得特别强烈。在响古箐的滇金丝猴群中，每年春天新生命降临时，爱也像满山的野花一样灿烂绽放，犹如大海一般波涛汹涌和波澜壮阔，春天是这里最美的季节，整个山谷都被新生命点亮了。

探索

滇金丝猴的婴猴绝对是人见人爱的"萌宝宝"，刚出生时，它们全身雪白，真不愧是雪山上孕育的生命：面庞蓝黑色，像一颗熟透了的蓝莓；嘴唇肉红，宣告着它们是"红唇一族"，有动物界最美丽性感的嘴唇；与之相配，它们的手脚掌和眼圈也是肉红色的，粉嘟嘟的小手和忧郁迷离的眼神让人顿生怜悯。随着时间的推移，它们的体色慢慢变成了灰色，到五六岁的时候，就变成和自己父母一样的外形。它们有自己特殊的生物标签，即黑白相间的毛色，肉嘟嘟的红唇和朋克发型。

刚出生的婴猴

随着外形不断变化，它们的行为也不断发生变化。刚开始的一周，它们弱不禁风，在猴妈妈的怀抱中安睡和休息。一周之后，它们不断探出脑袋打量周围的世界，看见周围的绿树红花、蓝天白云，一脸的惊奇。当看见猴哥哥猴姐姐们在周围欢快地玩耍，小家伙变得不安分起来，它们也想加入欢乐的队伍，挣扎着、尖叫着试图从妈妈的怀抱中挣脱。猴妈妈的想法和猴宝宝可不一样，它们不想婴猴离开自己的怀抱，觉得周围都是不安全的，它们紧紧抱着猴宝宝。这种互不相让的场景不会维持太久。因为猴妈妈不仅要照顾猴宝宝，还要取食、攀爬和移动等，双手实在是顾不过来。小家伙们会趁着妈妈不注意，溜出妈妈的怀抱，去感受外面的世界。外面的世界很精彩吗？小家伙们很快就会认识到它的残酷。

小家伙们脱离妈妈的怀抱来到了枝头上，树枝摇摇晃晃的，离地面十几米高，稍不留神就会掉下去。小家伙们没有办法，只得紧紧地抓住树枝，试着慢慢地往前移动脚步，蹒蹒跚跚地开始了自己生命旅程的第一步。虽然凶险和揪心，但小猴们必须走下去。

滇金丝猴是以树栖为主，兼有地栖的灵长类，它们的生活主要在树上，生活的树木以高大的云冷杉和阔叶树为主，所以没有敏捷的身手是无法生存的。滇金丝猴在树上要完成取食、睡觉、排便、玩耍、攀爬等行为，难度最大的是要完成树与树之间的跳跃转移，有时树之间的距离有五六米，它们都能一跃而过。要成为一只合格的滇金丝猴，树上攀爬跳跃的各项本领是必不可少的。

小家伙们也深知这一点。在离开妈妈怀抱之后，它们先是进行最基本的移动练习，然后是难度较大的攀爬、悬吊、跳跃等练习。随着年龄的增长，它们离开妈妈怀抱的时间也越来越长。到差不多两三个月大后，小家伙们不再安于独自玩耍和练习，这个时候，同一个家庭的婴猴，甚至是附近家庭的婴猴会聚集在一起玩耍，我们叫它"社会性玩耍"。在野外，我们时常可以看见许多小猴在枝头上追逐打闹，这也是滇金丝猴最有趣的行为之一。我常常沉浸在对这种行为的观察中，仿佛回到了自己的童年。农村长大的我们，在童年时期，全村的小孩都会聚集在村旁的空地上玩闹，将家务和作业忘记到九霄云外，直到日落西山，父母催促着回家吃晚饭。

小猴的玩耍有其特殊的意义。灵长类等高等动物幼年时期都有偏爱玩耍的习性。玩耍能促进早期感觉和运动器官的发育，提高社会认知能

蹒跚学步   空中英姿

力和建立社会联系。玩耍促进了小猴身体的发育和心智的
成熟，有助于小猴以后获得更多的食物资源和繁殖机会。

玩耍与年龄有密切的关系。我观察到，在响古箐的猴
群中，玩耍多出现在未成年的阶段。成年猴就很少有玩耍
行为，大多忙于取食、抚育、争夺和维护家庭。这像不像
我们人类呢？我们在童年和少年时期尽情地玩耍，成年之
后玩的时间就少了，忙着学习、工作和养家糊口等。

体操健将

晨　练

小公猴的格斗练习

响古箐猴群的玩耍行为还有性别之间的差异。小公猴的玩耍时间要长于小母猴，小母猴在三四岁之后就很少玩耍了，它们要为选择一个优秀的公猴以及生育后代做准备了。小公猴们则要玩耍上很长的时间。它们在家庭中时在玩耍，到全雄单元之后仍然在玩耍，一直要玩到七八岁亚成体阶段。在玩耍的方式上，公母也有区别。小公猴的玩耍暴力成分比较多，有更多的身体接触，以及更多的抓打和撕咬等动作。小母猴的玩耍则明显温柔多了，更多的是追逐和嬉戏。

　　这种差别和以后的社会分工和职责有关系，公猴以后要争夺家庭，需要和其他公猴进行打斗、搏杀来实现上位。在取得主雄的地位后，要维持自己的地位，也需要暴力行为，所以公猴需要在幼年时期的玩耍中积累更多的格斗技巧，同时在玩耍中使身体变得更强壮。所以，公猴会延长玩耍的时间段，并采用"暴力玩耍"的方式，以使自己在未来的生存中占得先机。母猴在滇金丝猴的社会中承担生育和抚育后代的职责，它们不需要暴力的行为，更需要爱心和温情，在玩耍中无法获得这方面的锻炼，所以母猴缩短了自己玩耍的时间段。母猴从两三岁开始，另一种适应未来分工的行为开始大量出现，就是"阿姨行为"，即帮助生育的母猴照顾幼儿。这是一种类似保姆的行为，实施帮助的个体包括未成年母猴和成年母猴。未成年的母猴在这种行为中锻炼了照顾后代的技能，为以后的生育做好了准备。

　　在暗流涌动的大自然中，小金丝猴们也是幸运的，它们在自己不断努力进行各项训练的同时，作为社会性的动物，还可以从群体其他同伴那里得到帮助，依靠群体的智慧学习生存之道。

　　2010年夏天的一个下午，猴群在树林中取食。大多数的猴子在树上享受美味的树叶，只有三四只小公猴不专心取食，它们东跳西蹿，快乐地玩耍。突然，它们停止了玩耍，从草地上纷纷跳上树，在张望了一阵之后，又跳下树，并且围拢在一起，有大胆的猴子还伸手在草丛中试探着什么。我用望远镜搜索草丛，原来是草丛中有一只蟾蜍。它们先是被蟾蜍吓了一跳，看着蟾蜍慢吞吞人畜无害的样子，认为蟾蜍没有危险并且好玩，对蟾蜍产生了兴趣，所以又跳下树玩弄蟾蜍，它们根本不知道蟾蜍在自卫时会从皮肤腺体中分泌毒液，这种毒液够它们消受的了。

　　它们的行为引起了同伴的注意，旁边一只年龄更大的猴子过来了，它也看见了草丛中的蟾蜍，它的反应和小猴子们截然不同，它"喔嘎""喔嘎"地高声叫了起来，这是滇金丝猴社会中的警报声，它在警

小母猴的育婴练习

示同伴有危险。听到大猴子的警报声后，小猴子们一脸懵懂，有一只手里还抓着蟾蜍。但它们瞬间明白了危险，赶紧扔下蟾蜍，又纷纷跳到旁边的树桩上，并且对着蟾蜍的方向高声叫唤，整个群体都知道了有个危险的东西在附近。

在这一事件中，我们发现了不同年龄阶段猴子面对危险的不同行为，小猴子们好奇、顽皮，缺少生存经验，对危险没有鉴别能力。大猴子们稳重，认识周围环境的危险，那只大猴子可能以前领教过蟾蜍的毒液，也有可能是其他的猴子给过它这样的警告。这一次它将这种知识也传授给了这几只小猴子，它们以后不会去干玩蟾蜍的蠢事了。

在这之后，我还观察到了小猴子们面对蛇、马蜂等危险动物的场

脱离危险后的小猴

景，情况和它们面对蟾蜍差不多，都是小猴子冒冒失失，大猴子在旁边及时给予警告。

森林中对危险的鉴别经验就这样在族群中代代传递。很多学者认为，动物是有文化的，并且这些文化在动物之间传承，在观察了滇金丝猴的社会行为后，我对此坚信不疑。

在看似无所事事的童年中，小滇金丝猴在为明天的成长而努力，它们今天的每一次玩耍和游戏，都对它们以后的生存有用。我们人类建立学校，将小孩送到学校学习，以保证孩子能够拥有知识和各种能力，将来适应社会生活。滇金丝猴没有学校，它们的学校就是大自然，它们在大自然中学习各种技能，是大自然的学生和朋友。

顽皮的童年

　　说到猴子，人们的第一印象是顽皮，我们常以顽猴来称呼它们。在中国，"龙文化"源远流长，是中华民族的主流文化。"龙文化"之外，"猴文化"在民间也是颇具影响力的。猴子是十二生肖之一。自古以来，猴子顽皮的性格也博得了人们的喜爱，猴子在顽皮中带着聪明和机灵，是智慧的化身，尤其是《西游记》塑造的"美猴王"孙悟空，集正义、智慧和桀骜不驯于一身，深得人们的喜爱。

　　响古箐的猴群中，"顽猴"是一抓一大把。在童年时期，每一只猴子体内都在泛滥着顽皮的基因，甚至有些时候让周围的猴子和我们深受其害。

　　2014年初夏的一天，我来到猴群附近。猴群在一个水沟边午休。当天阳光灿烂，气温比较高，这种时候猴群最喜欢在水沟边午休和乘凉。我很久没有观察过"断手"家庭了，今天的运气很好，"断手"家庭离我很近。不久，"断手"带领着一帮妻儿下树，我赶紧拿起照相机拍照，拍照时我嫌攥在手里的记录本碍事，就将记录本放在地上，没想到厄运已经悄悄来临。

　　我将镜头对准了"断手"，完全沉醉在快门的"咔嚓"声中。拍完之后我回头去拿记录本，记录本却不知道去哪儿了，我记得就放在我身旁的草地上呀。我在树林中四处搜索之时，有几张纸片从空中飘落下来，我赶紧捡起来看，就是我的记录本！我抬头张望，看见一只小猴子坐在枝头上，手里拿着记录本，不停地在用手撕扯，用手撕还不过瘾，嘴也用上了，把记录本放在嘴里连咬带撕。我试图爬上树去抢回记录

夏日的"断手"

本，但细细的枝条根本承受不了我的体重，我只好放弃了。我在树下对它比划着进行恐吓，它根本不害怕。我改变策略，用食物引诱它，它根本不理睬。不一会儿，我的记录本变成了一架架"纸飞机"，从枝头飘落下来，洒满了小树林。我无奈地站在树林中，小猴子则越撕越欢，最后，几只小猴子带着残存的记录本，爬到了大树的顶端不见了踪影。我大半年的野外工作记录就这样毁于一旦了。

辛辛苦苦记录的观察数据毁于一旦，让人又气又恼。但看着它们懵懂无辜的顽皮模样，我心中的怒气很快就消散了，只能在唉声叹气中重新开始观察和记录。

小猴子们总是充满了好奇心，它们对森林中出现的一切新鲜事物都感兴趣。因为好奇和顽皮，我的记录本就这样被它们"肢解"了。受害的不止是我，其他做研究的学生也有记录本被小猴子拿走的经历。

小猴子们的顽皮，我这个人类都深受其害，可以想象它们在猴群中是怎样不安分的存在。它们四处捣蛋，可以用翻江倒海形容，它们的父母无法用语言表达不满，只能在忍无可忍时对小猴子进行惩戒，露出狰狞的面孔或是用手进行拍打。这时候，小猴子们会稍微收敛一下。可是过不了一会儿，它们又开始"大闹天宫"了。这和我们人类的孩童是何其相似，总爱放肆地玩闹，在家长和老师的反复惩戒后才会有所收敛。看来顽皮和玩闹深深植入了灵长类动物幼年的行为中。

顽皮的小猴

"小强"的故事

这几年，我见证了响古箐很多婴猴的出生和成长，它们从婴幼猴到青少年猴再到成年猴，从娇弱到顽皮再到成熟，最后为人父母。下面故事中的主人公就是这样，在响古箐山谷中一路走来。我们朝夕相处了很多年，我观察了它的出生和成长，最后到它的小猴出生，它成功当上了妈妈。让我感动的不是它再平常不过的生命轨迹，这是大多数滇金丝猴母猴都在经历的，我感动的是它经历了一个悲惨的童年，却能够坚强地活下来，并且活得很精彩。

它是一只雌性滇金丝猴，我叫它"二丙"（我常用年份尾数加天干来给滇金丝猴婴猴命名，给成年猴子命名则一般根据它的外形特征），是2012年出生的第三只婴猴，后来我们又叫它"小强"，是取"打不死的小强"的寓意。"二丙"的"家庭背景"是很不错的，父亲是赫赫有名的"大个子"，母亲是"粗毛二"。当时"大个子"的实力蒸蒸日上，已经处于猴群的顶端。"大个子"有4只成年母猴和3只亚成年母猴，称得上是妻妾成群，"二丙"算是投胎投得好，投到了名门望族中。

在经过了春天、夏天和秋天3个季节的好日子之后，"二丙"的命运发生了根本性的变化，在入冬后不久，它的母亲"粗毛二"由于年老体衰，加之一场疾病的摧残，离开了这个世界，它变成了"单亲孩子"。在滇金丝猴的社会中，母亲对于婴猴的作用是十分重要的，不是父亲所能够替代的，在幼年时期母亲承担着照顾婴猴的职责，包括哺乳、保暖、理毛、安全等方方面面，而父亲主要负责家庭活动领域和对外安全。公母猴的职责是明确分开的，也是无法相互替代的。安全方面父亲可以给小猴提供保障，其他方面呢？糟糕的是"二丙"还处在哺乳期，冬天的能量和营养需求更大，谁来给它乳汁呢？响古箐的冬天气温会降到零下十多度，寒冷的凛冬谁又能给它温暖呢？想到这些，我的心情就开始沉重起来。

我们判断它可能无法度过这个冬天，决定将它捕捉后带回救护站的室内过冬，但收捕计划没有成功。在此以后我每天第一件事情就是去看"二丙"，确认它是否还活着，我脑中总是浮现出寒冷的冬夜它体力不支而死亡的情景，我似乎着魔了。

　　气温越来越低，"二丙"却每天都很正常，是其他的母猴在帮助它吗？滇金丝猴有相互帮助的习性，家庭中其他的母猴是会来照顾它的，但这样的帮助是有限的，因为其他母猴首先要照顾自己的小猴。恰好"大个子"家2012年出生了2只婴猴，往年的幼猴还有2只，母猴们抚育小猴的任务是非常重的，在严酷的冬季不一定把"二丙"照顾得很周到。

　　有一天，天气突变，乌云密布，寒风怒号，白天气温就降到了零下，一场大雪来临了。我在树林中观察猴群，很快寻找到了"大个子"家庭，我也发现了"二丙"，它独自蹲坐在一棵大树底下，全身在发抖。猴群熬过了一整夜的寒冷，期望着那天是一个艳阳天，但突变的天气打破了它们的希望，包括最需要温暖的"二丙"。"二丙"没有去寻找食物，冻僵的四肢使它无法去枝头抓取食物，它太需要在一个温暖的怀中待几分钟了。在寒冷的天气中，滇金丝猴靠抱团取暖来抵御寒冷，它们不仅相互紧抱，还将小猴子放在两只大猴之间，以使小猴更温暖。但这时其他的母猴太忙了，有的在寻找食物补充体力，有的在照料自己的小猴，紧抱着小猴来给它们保暖。在这样的天气里，花在照料小猴上的时间特别多，大家各忙各的，没有谁来照料"二丙"，"二丙"被遗忘了。

　　"二丙"瑟瑟发抖，嘴里不断呜咽着，在它快要撑不住的时候，一个高大的身影出现了，是它的父亲"大个子"！它可能是意识到"二丙"处在困境中，放弃了取食和警戒，来到"二丙"的身边坐下，"二丙"赶紧蹿入父亲的怀抱中。在父亲温暖的怀抱里，"二丙"瑟瑟发抖的小身体逐渐平静下来。这种现象是灵长类动物中的"雄婴照料"行为，就是由雄性个体照料幼子的行为，这是很少出现的行为类型，一般只发生在极端的情况下。

　　我明白了"二丙"为什么一直能够活下来的原因了，它虽然失去了母亲，但家庭中其他的母猴，还有它的父亲都在尽其所能地照顾它。这种家庭成员之间的关爱，也是滇金丝猴在如此艰苦的环境中生存下来的原因之一。

　　接下来，最严酷的1月份到来了。这是全年最冷的季节，食物最匮

孤独的"二丙"

父亲怀中的"二丙"

乏的季节，是许多野生动物的一道坎，每年许多体弱的动物没能过这个坎，也就没能迎接来年的春天。对于"二丙"，意味着它将迎来生命旅程中最大的一次考验。那一年，响古箐的冬天寒风凛冽，冰雪没膝，老天并没有因为有一只可怜的小猴而放缓冬天的脚步。我从"二丙"的眼神中看见了凄凉中的坚强，它没有向困难低头，每天都在苦苦支撑，在自己的努力和家庭成员的帮助下，它每天都出现在了我们的视野中。它甚至放弃了和其他小猴玩耍，尽量节省体能。它能够挺过这个冬天吗？

时间来到春节前夕，"二丙"依然坚强地活着。春节之后气温将逐渐回升，充满希望的春天也将到来，"二丙"已经度过了最困难的时候，我们松了一口气。

在这个冬天，响古箐研究滇金丝猴的学生们和我一起见证了"二丙"所经历的一切，研究生们感动于它坚韧的生命力，给它起名"小强"，来源于"打不死的小强"的典故。我觉得这个名字太贴切了，欣然接受，"小强"代表的是坚强和与命运抗争的精神，它配得上这个名字。

"小强"一直在"大个子"的家庭中生活和成长，在2015年"岁末大战"中归随了"兴盛"，算是找到了一个好丈夫。后来它和"兴盛"生育了小猴，小家伙的命运没有母亲那样坎坷，它在双亲的呵护下健康地成长。"小强"苦尽甘来，实现了所有母猴孜孜追求的梦想，也算是功德圆满。

冰雪中的松萝

当上妈妈的"小强"

响古箐的冬天

"康康" 的故事

　　前面，我们讲述了一只失去母亲的小猴的故事，下面这个故事的主人公命运更加悲惨，它离开了双亲，离开了猴群，离开了大自然，来到了人类社会，开启了一场谁也不知道结果的生命旅程。

　　它是一只被猴群遗弃的婴猴，2019年4月29日，它被送到了保护区塔城救护站，它被遗弃的地点是维西县康普乡普乐村曲八开后山的药材地边，从地理位置分析，它应该是米腰种群的猴子。

　　我把小猴取名为"康康"，这有两层含义，一方面，是表示它是来自康普；另一方面，是我们希望它健康成长。它已经有了一个不幸的开始，我们努力想让它有个美好的结局，在此期间，健康地成长是最关键的，希望一切能朝着好的方向发展。

　　我很担心它能否在新环境中活下去。我们以前救护过滇金丝猴的婴猴，成功率都非常低。滇金丝猴生活在特定的环境中，在离开原有的环境后，婴幼猴存活的概率是很低的。

　　"康康"来到救护站后，面临许多问题，首先，给它什么食物呢？从外貌看，它只有1月龄，还处于哺乳的阶段。于是，我们给它准备了人类婴儿食用的奶粉，这是我们能找到的最好的食物了。食品的问题解决了，接下来是

位于响古箐的塔城救护站

刚到人类社会的"康康"

保暖的问题。在野外母猴都是以"腹腹接触"的方式携带婴猴，用自己的身体给婴猴保持腹部的温度，以促进婴猴肠道蠕动，维持正常的消化功能。救护的婴猴成活率低，最主要的原因是离开母亲后由于肚子受凉发生腹泻，持续腹泻导致婴猴脱水死亡。育婴箱能够恒定温湿度，我们将"康康"放在育婴箱里面，婴猴肚子保暖的问题也解决了。但几天后婴猴的消化系统还是出现了问题，开始拉稀，我们使用了调整肠道菌群的药物和对腹部进行按摩，拉稀的问题解决了。后来，婴猴的身上出现了许多虱子，我们采用人工去除的方法解决了。在野外，母猴每天花大量的时间给小猴理毛和去除虱子，现在只能人工代替了。

婴猴和我们都经历了一个个的考验，但我觉得这些都不是重点，我关注的是在离开了父母和群体后，它还能够拥有滇金丝猴完整的行为吗？这将决定它是否有能力回到野外，融入滇金丝猴的社会。在滇金丝猴的社会中生存行为和社会行为同等重要，具备这二者才能适应野外的生活和融入群体中。动物的行为有先天的本能行为，又有后天学习得到的行为，在灵长类动物中，后天的学习行为比例更大，许多社会行为是通过在群体生活中学习获得的，这些行为的学习和养成需要有一定的社会和自然环境，可是现在情况不容乐观。

后来，我们重点对"康康"进行了野外生存技能训练，我们对它进行了跑、跳、攀爬、识别食物、识别危险、逃避危险等生存行为训练，它还算勉强合格。但培育复杂的社会行为成了我们头疼的事情，"康康"已经完完全全失去了原有的社会环境。滇金丝猴是群居性的动物，个体之间存在广泛的联系，滇金丝猴的幼猴受到家庭成员的宠爱，它们从小在群体中玩耍，进行运动、格斗等锻炼，形成认知和建立社会联系。离开了社会群体，它们的许多行为将会缺失。在行为缺失的情况下再回到原生的社会中时，它可能无法向同伴表达自己的意图，也无法接受同伴传达的信息，与同伴的交流不顺畅，处于孤立的状况，这种状况在复杂的自然和社会环境中将是致命的。

失去父母和社会环境的弊病在"康康"的身上开始显露，我发现它一直处于烦躁的情绪中，时常叫唤个不停，不愿意运动，这个年龄的其他婴猴一般都很愿意外出运动。有一天，我将它抱起来，放到我的怀抱中时，它停止了叫唤，嘴里面发出了很享受的"哎、哎、哎"的声音，我瞬间明白了，它是缺少爱，确切地说是缺少母爱。小滇金丝猴成天被母猴抱在怀中，在母亲的怀中，小家伙们得到了温暖，保持了体温，尤

进　食　　　　　　　　　　　　　　　　　　　　　　训练悬吊

训练攀爬

其是腹部的温度，最主要的是有安全感，心理上得到了极大的满足。从这以后，我经常将"康康"放在我的怀中，很多时候，它会在我的怀中安然入睡。但这不是长久之计，我这个"男保姆"始终无法代替猴妈妈。

后来"康康"表现出了对小伙伴的需求，在野外，它这个年龄阶段是和小伙伴尽情玩耍的时期，可是现在它孤零零的。我发现，它会注意身边运动的东西，并且试图去追逐，就像在树林中和同伴追逐打闹一样。这个时候同事抱来了两只小猫咪。有一天，它们同在院子里面，"康康"发现了小猫咪，飞快地跑到小猫咪身边，用手触摸猫咪，表现得很亲热。小猫咪跑开后，它就在后面紧追不舍，然后对猫咪动手动脚。

刚开始小猫咪出于好奇还和"康康"玩耍一下，后来小猫咪就不理会它了，甚至会故意躲避这个鲁莽的小毛团，可能是它们意识到"康康"不是它们的同类。反观"康康"，认知能力就要差很多，没有意识到猫咪不是它的同类，觉得猫咪和它差不多，所以每天都用渴望的目光看着逃开的猫咪，试图加入它们的玩耍中去。

最让我震惊的是"康康"面对同类时的表现。有一天，响古箐的猴群来到救护站附近，猴群喧闹的声音传入"康康"的房间中，我想象着"康康"会激动地呼唤同伴，并试图跑到猴群中去。但我想象的场景并没有出现，"康康"对传来的喧闹声无动于衷，甚至有点害怕。我故意拉开了窗帘，从窗户中可以看见百米外树林中猴群的身影，"康康"漠然地看着猴群，没有任何反应，似乎看见的不是自己的同类，而它离开猴群才一个多月。

识别自己的同类，这样简单的问题，在"康康"这里也变成了难题，可见物种在特定的社会环境中成长是多么重要。"康康"离开了滇金丝猴社会，让它失去了太多东西，尤其是它正处在成长的阶段，这种成长不仅仅是身体的成长，还有认知、心智、行为的成长，没有特定的社会环境，没有父母和同伴的帮助，有些方面它已经无法再健康地成长了。

我们人类也一样，健康的社会环境，温馨的家庭环境，家庭成员对于小孩的爱，是儿童健康成长中必不可少的，如果其中的某个环节出现了问题，儿童或多或少会出现心理畸形和行为怪异的现象，甚至变成"问题少年"。

与猫咪玩耍

对猫咪动手动脚

2019年10月，我离开工作了13年的塔城镇，在离开的时候最让我牵挂的是山林中的猴子，还有就是"康康"，我把照顾"康康"的细节对同事说了又说，其实他们会做得很好的。

那之后，我只能在电话里了解"康康"的情况，还有就是去塔城镇出差和回维西老家路过塔城镇时去看望它。当我回去看望它时，它已经不认识我了。记得以前我经常喂它，所以它一直黏着我，在人群中会认出我，还会扑到我的身上。现在它以漠然的目光看着我，我伸手摸它，它避让并且逃离，在它看来我是一个陌生人了，现在照顾它的同事们才是它最亲近的人。对于它的"反叛"，我一点都不生气，我们对野生动物的爱是不图回报的，是一种基于尊重生命和超越物种界线的爱。

孤独的"康康"

"康康"漠然的目光

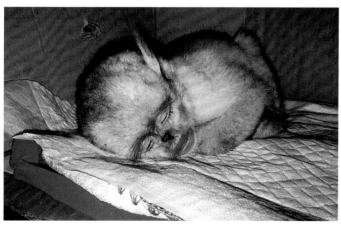

熟　睡

小结

奋发向上

    在本章中，我将滇金丝猴的婴幼年时光比作人类的童年，我觉得两者有许多相似之处，这种相似不仅仅是年龄阶段的近似，是行为、心理、社会角色等方方面面的相似，在深入的观察和思考之后，我们发现人与猴是那么相似，相差只在毫厘间。这也间接支持了进化论的观点，万物同源，五彩缤纷的自然是不断进化的结果。同时，也在警示我们，人类不应该因为进化的程度高而沾沾自喜或目空一切，我们可以从自然中得到很多的启示，自然永远是我们的老师。

    滇金丝猴的童年和我们人类的童年一样，快乐应该是主线。在上文中，我讲述了两只命运多舛的小猴子的故事，并不是说全部滇金丝猴的童年就是悲惨的，它们是其中的特例，更多的小猴都有快乐的童年。只是悲惨的命运总是给人深刻的印象，最主要的是这两只小猴在重压之下表现出了顽强的生命力，它们的精神力量感动了我，它们代表了这个物种的韧性。

    在响古箐，我印象最深刻的是小猴子在玩耍时的那一张张"游戏脸"。在灵长类的研究中，我们将猴子在嬉戏时所表现出的面部表情称为"游戏脸"，这是一种在和谐和快乐中才会出现的表情。这种表情在响古箐滇金丝猴的小猴子中每天都会出现，小猴子们每天在森林中自由地嬉戏打闹、锻炼探索，挥洒着最本真的动物属性，它们在严酷的环境中，仍将快乐童年演绎得炉火纯青。这就是自然的力量，每一个幼小的生命都值得我们去尊重，值得我们去瞩目，值得我们去学习。

光棍俱乐部　　　滇金丝猴的"后宫"

中国有句俗话："有人的地方就有江湖。"有猴的地方呢？猴子和人类同属于灵长类动物，两者在形态、行为、情感、认知、基因等方面都非常相似。滇金丝猴是分布海拔最高的非人灵长类，在林海雪原中生存的它们有自己独特的世界，它们的世界鲜为人知，它们是否和人类一样有"江湖"？这一直是萦绕在我心头的一个疑问。

在人类的世界中，"王者"总是最能吸引人的眼球，高高在上的"王者"领导着人类社会，处于整个社会的中心位置，因而倍受注目和敬仰。在猴子的世界里，"王者"对应的就是"猴王"。灵长类动物有近10种类型的社会结构，在众多的灵长类动物中，由于社会结构的不同，"猴王"的存在方式也不尽相同，有些种类有很明显的"猴王"，如猕猴、藏酋猴、叶猴。这些"猴王"是猴群中最强壮的成年公猴，因为猴群中只有一个繁殖单元，所以它们是名义上唯一有交配权的公猴，它们支配着整个猴群的母猴。

有些灵长类种类的"猴王"却略有不同，比如滇金丝猴的社会中，猴群有多个繁殖单元，即多个家庭，家庭中的成年公猴就是"家长"，也叫"主雄"。每一个主雄都有交配权，所以滇金丝猴的社会中没有一只支配全部母猴的真正意义上的"猴王"。

滇金丝猴虽然没有"猴王"，但成年公猴根据实力在群体中有一个排位，我们称之为等级序位。实力高低的排位是通过打斗的方式确定的。这些"家长"由于实力不同，有着不同的社会等级序位，这其中必然有一只是最强的，最强的公猴和它的家庭处于猴群的最顶端，占有最多的资源，如食物、水、休息场所、母猴等。所谓的"胜者为王"，有一些公猴就凭借自己的实力成为猴群中形式上的"王者"。"王者"是滇金丝猴公猴中最具代表性的，不管是公猴的威风八面，还是公猴的辛酸苦辣，都在它们的身上可以寻觅得到。下面我以"王者"为线索，走进滇金丝猴充满雄性荷尔蒙的"江湖"中，一睹"江湖盟主"的风采。

本章讲述了从2008—2019年的十余年间，响古箐滇金丝猴群体中三代"王者"的起起落落和它们之间的恩怨情仇，以及它们家庭中母猴和小猴的故事。第一代王者是"兴旺"，第二代王者是"大个子"，第三代也就是现在的王者是"红点"。

彪悍的公猴

"兴旺"的时代

2008—2009年，我发现响古箐猴群有8个家庭单元，分别是："兴旺"家庭、"大个子"家庭、"一点红"家庭、"单疤"家庭、"双疤"家庭、"花唇"家庭、"三子"家庭、"拐手"家庭，还有一个20余只的全雄单元，整个猴群有80余只滇金丝猴。

"兴旺"何时出生在响古箐的没有人知道，2008年我开始观察响古箐猴群时，"兴旺"就已经在猴群中了。由于它骁勇善战，在整个猴群的公猴中，它的地位等级处于最顶端，这自然引起了我的注意。从外表看，它不是最引人注目的公猴，首先，它不是个体最大的公猴，当时在猴群中"大个子"和"一点红"都比它体型大。其次，"兴旺"的体色不是很光鲜亮丽，体毛也短，不是"长发飘飘"的类型。在我看来，它是一只其貌不扬的公猴。"兴旺"可以说是实力派的代表，它是靠强悍的战斗力上位的，而不是靠中看不中用的外表。

2010年，"兴旺"家庭迎来个体数量的鼎盛时期，共计有15个家庭成员，有5只母猴，分别是："独眼""白颊""蓑衣""白隔""白玉顶"；5只青少年猴，分别是："兴盛""兴隆""兴起""久五""小妖"；4只新出生的婴猴，分别是："零丁""零己""零戊""零零"。"兴旺"家庭可谓妻儿成群，猴丁兴旺，它们家成

38

为猴群中"人口"最多的一个家庭。

2008年底至2011年初，其余7个家庭的主雄和一干全雄单元的公猴全是"兴旺"的手下败将，"兴旺"是这个猴群中的"王者"。动物界的格斗中力量、速度和智慧是胜败的决定因素，"兴旺"较小的体型在力量对决中占不了上风，但它有比其他公猴更迅捷的速度。滇金丝猴公猴的打斗，不像起源于西方的拳击比赛，被定格在拳台的方寸间进行，它们在山林中格斗，有广阔的格斗空间，更像中国武侠小说中的打斗场景，飞奔跳跃，辗转腾挪，在飘忽中给予对手致命一击。在此情形下速度快会占得先机，所谓"天下武功，唯快不破"，这个道理在猴子的打斗中同样有用，"兴旺"用速度打出了一片天地。能扬长避短也说明了"兴旺"是一只有智慧的公猴，有自己的生存法宝。

保卫家庭的"兴旺"

2009 年的"兴旺"家庭

在"兴旺"称王的这个时期，它的家庭可谓风光无限，一时无两。首先，它们占有了最多的优质的生存资源，民以食为天，猴子也是一样的，它们的生存要靠食物来支撑。在这几年中，"兴旺"家在某棵食物树上取食时，其他家庭是不敢前来打扰的。其他家庭在取食时，只要"兴旺"带领妻儿过去，其他家庭会纷纷跳下树避让。有血性的公猴也会与"兴旺"对峙，甚至拉开架势打一场，在一阵激烈的搏斗后，败逃的总是其他的公猴。久而久之，"兴旺"的"王者之气"越来越盛，到最后只要"兴旺"过来，其他公猴都会主动避让，不与其争锋。

这个时期，"兴旺"占有了最多的繁殖资源，也就是占有了最多的母猴，它有5个成年的母猴做妻子，是猴群中妻子最多的公猴。它"妻妾成群"是因为它战斗力最强，能争夺抢掠到母猴，也有可能是母猴主动"投怀送抱"，因为跟着"兴旺"，母猴的利益也能得到最大的保障，可以得到更多的食物、水等生存资源，自己和后代的生命安全也得到了最大的保障。

在生存资源和繁殖资源实现最大化时，"兴旺"家庭走向了巅峰，2010年，它的家庭出生了4只婴猴，真是"猴丁兴旺"。在古时候，人类社会的评价体系中，人丁是否兴旺、房屋和田产是否众多是衡量一个家族是否兴旺发达的最主要指标。而"兴旺"以猴子的方式，实现了家族的繁荣昌盛，这也是当时我给它起名为"兴旺"的原因。我开始我的观察之旅时，处在"兴旺"的时代，我更希望整个滇金丝猴族群能够重新在横断山脉的崇山峻岭中繁荣兴旺，这是我更深的用意。

"兴旺"初败

　　"王者"的晋级之路异常坎坷，"王者"的地位荣耀无比，但"王者"之位是危机四伏的，"王者"的守成之路更是惊心动魄。因为每一个公猴内心都有一股成为"王者"的冲动，都会向"王者"的位置发起冲锋，"王者"在"枪林弹雨"中要么覆灭，要么屹立，"成王败寇"的定律适用于一切生物种类。

　　从2008年冬天到2010年春天，我看见"兴旺"与其他公猴无数次地搏斗和拼杀，为了家族的繁荣，为了"王者"的地位，它做到了一个"有为公猴"所能做到的一切。它的身体依旧是那么的强健，它的身姿依旧是那么的轻盈，直到有一天，一场打斗过后，我才发现它开始衰退了。

　　春天是一个生命萌发的季节，每年的3月滇金丝猴的婴猴大量出生，植物开始萌芽，气温也开始回暖，在温暖与生机中开始一年的时光。2010年3月初，一场春雪悄然降临响古箐，春雪给山谷带来了阵阵寒意，但北来的寒流没有能阻挡生命的降临，在这天，"兴旺"家庭出生了一只婴猴，这是整个猴群今年出生的第五只小猴，它的母亲叫"白玉顶"。早晨，"兴旺"带着自己的一群妻儿，来到树林的中心位置取食，中心位置一般食物较多。在取食场中的规则是用实力说话，强势的家庭一般会在中心位置，弱势的家庭游离在周围，中心位置一直以来都是"兴旺"家的地盘。

　　小猴出生，"兴旺"显得又兴奋又暴躁，不断在母猴身边来回走动，只要有其他家庭的猴子靠近，它就会冲过去攻击，俨然是一个全职的保镖。小生命安然地贴服在母亲的怀里，眼睛只能睁开一条缝，好奇地打量着这个陌生的世界，猴妈妈怀抱着猴宝宝安坐，低头慈爱地看着猴宝宝，不时用嘴亲吻和舔舐小猴，一幅天伦之乐的画面。

正当我陶醉在这安详的氛围中时，一个黑影出现在"兴旺"家附近，仔细一看，原来是一只大公猴。我抬起望远镜准备观察是哪一只公猴，还没有看清楚是谁，一场大战就在电光石火间开始了。"兴旺"飞一样地冲了过去，对面的公猴也应战了，两只公猴嘶叫着，手脚并用地抓打对方，看准时机用锋利的犬牙撕咬。在地面混战了二三十秒后，战斗转移到了树上，它们在树上追逐抓打，满树的积雪纷纷落下来，把一片树林搞得乌烟瘴气。飞雪弥漫之处，只看见两个黑球在树间翻飞跳跃，分不清谁是谁，打斗的嘶叫声不绝于耳。又过了二三十秒，战斗结束了，飞雪落定，森林里的画面又渐渐清晰起来。

我急切地想知道战斗的胜负结果，透过望远镜的镜头，我看到一只公猴端坐在树上，一副胜利者的姿态，一只公猴则从地面匆匆地走出了战斗地点，它显然是战败的一方。我用望远镜仔细分辨这两只猴子，树上坐的是一只叫"大个子"的公猴，地面败退离开的是"兴旺"，显然"兴旺"在这次打斗中失败了。我不敢相信自己的眼睛，"兴旺"怎么会战败呢？它一直是胜利的一方。但它后面的行为证明了战败是事实，"兴旺"回到家庭之后，嘴里哼哼唧唧一番，然后带着家庭成员离开了取食场中心，退到了取食场的边缘，"大个子"则带着自己的妻儿迅速占领了取食场的中心位置。

"大个子"是一只在2009年12月上位的主雄，在此之前应该是生活在其他野外猴群中，2009年底流浪到了响古箐山谷，后来进入了展示群，并在12月初成功打败了一只主雄，替代了其家长的位置。"大个子"身材魁梧，膀大腰圆，看上去体型比其他公猴大，所以我给它起名叫"大个子"。它还长毛飘飘，脸庞白净，色泽光鲜，是一只实力和颜值并存的公猴。

在"大个子"到来之后，猴群中公猴的实力排序依次为："兴旺""一点红""三子""大个子""花唇""单疤""双疤""拐手"。虽然"大个子"最后才来到猴群，但凭借身强力壮，战斗力也能排在中游位置。因为最后才来到猴群，它急于确立在猴群中的地位，很有挑战精神，在短短几个月内就和猴群中的公猴都打了一个遍，并且互有胜负，与"兴旺"也交过手，但没有打赢过。没想到今天它又和"兴

春雪中的猴群

"白玉顶"与婴猴

旺"对战，并且击退了"兴旺"！

滇金丝猴公猴的打斗，有时会分出胜负，以失败者逃开为终结。有时打一会儿，双方为了避免受伤会各让一步打成平手，以双方各自离开为终结。"兴旺"的失利实在让我惊诧，这在近两年中是很少发生的事情，以前"兴旺"最差的结果也是打平，我没有看见它战败过，看着它匆匆离开的场景，我怀疑是不是"兴旺"出什么状况了。带着疑问，我想靠近它看个究竟，但它好像有意躲避我，带着妻儿隐向了树林的深处，天上的雪花越下越大，我只好作罢。

第二天雨雪继续下个不停，我去观察猴群，一直在寻找"兴旺"，终于在一条小溪边跟上了它的家庭。在离它20米远的地方，我用望远镜仔细地观察它。它正在取食，我看到它的右手有点异样，发现它的手背从食指根部向后有一道近10厘米的新伤口，食指僵直无法弯曲，似乎还十分疼痛，抓取食物一直在用左手。我又将视线转移到它的脸庞，我经常观察"兴旺"，对它的脸庞很熟悉，但今天突然觉得这是一张陌生的脸庞，它的脸庞已经失去了往日的光彩和平滑，布满了皱纹，还有掉了痂的伤疤，我这时候才意识到"兴旺"老了！这就是它昨天失败的原因吧。这几年的打打杀杀，给它造成了很大的伤害，满脸的伤疤就是证明。外在的伤疤还看得见，它还有多少看不见的内伤呢？端详着这张开始衰老的脸庞，我感受到了作为"王者"的不易。

"兴旺"和"大个子"的这一战，一开始我觉得只是很普通的一次打斗，"兴旺"的失败除了它本身的衰退，也有雨雪天气地面湿滑和视线不好的原因吧。在"大个子"也成了一代王者之后，我才明白了这一战的意义，它是王位开始更迭的一战，是新势力向旧势力发起的挑战。

"一点红"

"兴旺"的伤口

祸不单行

　　"兴旺"经历了这次挫败后，并没有就此没落下去，它照样在努力维系自己的权威，每天都和其他公猴发生着打斗，它依然是这个猴群的"王者"。

　　时间来到了2010年冬天，猴群有了许多变化，有些公猴抢夺到了家庭，有些则失去了家庭，有些公猴甚至在打斗中死亡了，"兴旺"还算幸运，只是身上又增添了很多伤疤。在高海拔地区的冬天，寒冷和食物的短缺对动物来说是一个巨大的考验，在冬天许多动物身体虚弱，甚至会在严酷的环境中丧命。对于"兴旺"来说，冬天也是很难熬的，我明显感觉到它的身体变得衰弱了。在打斗中，它无法再战无不胜，尤其是和实力强大的"一点红"和"大个子"打斗，它输的次数在慢慢增加。在这一时期，这3只公猴势均力敌。每次打斗过后，我看着"兴旺"灰头土脸地回到母猴身边，有时候还舔舔自己的伤口，心中会升起阵阵同情，感叹再强壮的公猴也敌不过岁月的沧桑和伤病的摧残。我相信，这个冬天"兴旺"的心也是冰冷的。

　　在严酷的冬天后，2011年的春天如约而至，猴子们喜欢的阔叶树叶子大量萌发，它们大块朵颐。褪去了冬天的寒酸后，大猴子膘肥体壮，小猴们在茁壮成长，一切又是那么生机盎然和安详。平静的背后总是藏着惊涛骇浪，汹涌的波涛会以什么方式出现呢？

　　近几年，猴群全雄单元中一只叫"偏冠"的公猴逐渐在成长，开始攻城掠地，不断向主雄们发起攻击。在2011年4月初，它先是在与"拐手"的打斗中抢夺了1只成年母猴和3只亚成体母猴，分别是"记

48

号""小黑""记印""小妖"。乘着战胜"拐手"的余勇,它对"兴旺"发起了挑战,两只公猴的打斗断断续续,一直持续到了5月中旬,其间展开了数次激烈的搏斗,还好两只公猴都没有受重伤。最后"兴旺"的妻子"白玉顶"被"偏冠"抢走。之前"兴旺"与"大个子"打斗是身体被撕裂,现在与"偏冠"打斗是家庭和"王者"尊严被撕裂,对于公猴来说,后一种撕裂才是致命的,这一事件也是"兴旺"开始衰落的标志。

厄运接踵而至。2011年5月底,全雄单元中成长起来的另外一只公猴"黑点"对"兴旺"发起了攻击,打斗持

取食春芽

"拐手"

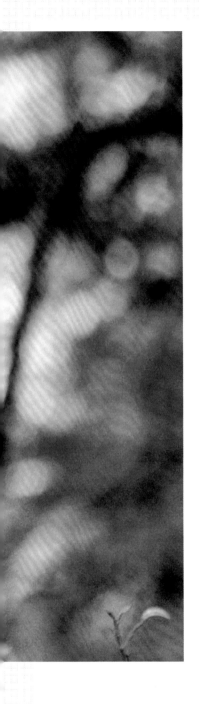

续到了6月初，"兴旺"的家庭进一步撕裂。"黑点"抢走了两只成年母猴"蓑衣"和"白隔"，以及两只青少年母猴"兴起"和"零丁"。"兴旺"只剩下了两只成年母猴"独眼"和"白颊"，4只青少年猴"兴隆""兴盛""零己""零戊"，其中3只还是小公猴，其他的公猴对它们没有兴趣。这次打斗，"黑点"和"兴旺"都受伤了，"兴旺"僵直的右手食指第一节指骨断裂，不知去向。"黑点"头部左侧受伤，伤口近5厘米，这是一场两败俱伤的搏斗。

从此，"兴旺"家庭没有了熙熙攘攘的热闹景象，它从猴群的金字塔顶端跌落了。在以前，"兴旺"在猴群中横冲直撞，取食时，它会霸占食物最丰盛的树木，它总是在猴群最中央的位置。休息时，它会霸占最高大舒适的休息树。现在它带领残破的家庭在猴群的边缘活动，它已经没有能力去占领这些资源了，从失去繁殖资源到失去生存资源，它失去了很多东西，"兴旺"从"王者"开始沦落为"平民"。但"兴旺"仍在努力维持自己"王者"的尊严，它仍在全力厮杀，尽力保住自己剩余的妻儿，但现实是残酷的，它心有不甘，最终也无可奈何，岁月和伤病已经摧毁了它，它无法恢复当年之勇，无法恢复往日的荣光了。

时间又过了一年多，"兴旺"在猴群中低调地过着"平民"生活。2012年，它仅剩的两只母猴"独眼"和"白颊"生下了两只小猴，给它失落的生活增添了一丝生气，它的家庭似乎有望重新兴盛。但该来的总会来的，大自然只给强者机会。在"兴旺"身上尝到甜头的"偏冠"给了它最后的一击。

"偏冠"也是一只传奇的公猴，虽然最终未能成就霸业，但一生跌宕起伏，是一只有血性的公猴。在2011年4月取得主雄地位后，可能是没有经验，后来它又失去了主雄地位，回到了全雄单元。2011年8月，它与全雄单元中的公猴争夺老大地位，打斗致手臂骨折，"偏冠"从翩翩少年变成了残臂少年，但这仍然抑制不住它内心的渴望。

2012年11月初，它选择再次向暮年的"兴旺"发起攻击。此时"兴旺"已经是风烛残年，在"偏冠"的攻击下节节败退。最要命的是在一次打斗中，它失手从树上掉了下来，重重地摔在了地上，我看它身体没有外伤，但肯定受内伤了，因为它爬起来行走时跟跟跄跄地，走一会儿躺一会儿。在这番攻击后，"兴旺"家庭四分五裂，3只青少年公猴"兴隆""兴盛""零戊"进入全雄单元中，小母猴"零己"在动荡中离开了家庭，在群体的边缘活动，后来不知道去哪儿了，再没有人看见过它。老母猴"白颊"和"独眼"年老体衰，可能觉得时日不多，离开了猴群，不知所终。后来有护林员告诉我，在森林深处发现了腐烂的猴子尸体，应该是它们死在了森林深处，回归自然了。

"独眼"与婴猴

"王者"的陨落

　　至此，"兴旺"身边一只母猴和小猴也没有了，它的妻儿都离它而去，它成了光棍。我们无法去责备它的妻儿，它们只是在按照它们的社会规则行事，不关乎我们人类认为的忠贞问题。成年母猴有权力在有生之年选择更年轻和更强壮的公猴，以生育更多的小猴，传承自己的基因。未成年的母猴是待嫁的闺女，迟早是要离开原生家庭的，它们不可能和父亲结合产生后代。而父亲被替代后它们反而省去了离开家庭的颠沛流离，它们会留在原来的家庭中，与新的主雄生育后代。未成年的小公猴不会长期待在原生家庭中，家中的母猴大多数和它们有血缘关系，它们之间不会产生不伦之恋。奇怪的是当有外来的公猴攻击自己的父亲时，小公猴也不会帮助父亲抵御外来的敌人，"替父报仇"这种现象在滇金丝猴的世界中是很少存在的。也许对于小公猴来说，不断有老公猴淘汰，它们才有更大的机会上位，成为家长，所以它们也乐于看到不断有主雄被替代，哪怕这个主雄是自己的父亲。"兴旺"家庭的终结，有它的自然规律和滇金丝猴的社会规则，我们就当旁观者吧，不必用人类的思维去判断是非恩怨。

　　2012年11月中旬，我有事情离开了响古箐，在离开期间我一直牵挂着"兴旺"。11月30日我回到响古箐，得知"兴旺"身体状况堪忧，我来到了它所在的小树林中。它没有回归到全雄单元中安度晚年——这是很多老公猴最后的归宿。它独自待在远离猴群的树林中，也许对它来讲，此时它不想进入嘈杂的全雄群中，它需要保持"王者"的尊严，它经历的太多了，一切功名皆浮云，宁静才是它现在最需要的。

树林中，"兴旺"蹲坐在地上，耷拉着脑袋，听见我的脚步声，它抬起头没精打采地看了我一眼，又低下了头。它的身体消瘦了不少，面容憔悴，甚至没有力气爬到树上了，所以蹲坐在地上。看着这样的情形，我的心中五味杂陈，我脑海中浮现出印象中的"兴旺"，当年的"兴旺"器宇轩昂，威风凛凛，在猴群中昂首阔步，而如今的"兴旺"只能蜷缩在一个无人知晓的角落里，等待着命运的宣判，如此巨大的反差，真是让人难以接受。

我注视着"兴旺"，我觉得我们是朋友，相伴了这么多年，目睹了它的风光与失落，我算得上是它的知己，陪它一会儿也算是朋友间的送别，谁知道它还能挺多久呢？它也没有拒绝我的陪伴，一直蹲坐在那里，嘴里不时哼哼唧唧地发出声音，似乎在对我说着什么。时间一分一秒过去，天色渐晚，我离开了小树林，心中祈求"兴旺"平安无事。第二天，不幸的消息还是传来了，"兴旺"死了。一代"王者"就这样落幕了，带着它的不甘，带着它的倔强，带着它的尊严，也带着我们对它的回忆，永远离开了我们！

失落的"兴旺"

"大个子"登台

"大个子"算是猴群中的"美男子"，它身型魁梧，面庞白净，毛色光亮。它在2009年底顺利成为主雄，占有了几只母猴，组成了一个完整的滇金丝猴家庭。当时它的家庭成员有4只成年母猴，"粗毛一""粗毛二""粗毛三""细毛"；1只亚成体母猴"红胸"；1只2009年出生的雄性婴猴；加上"大个子"自己，一共7只。

刚开始，"大个子"只是一只平常的公猴，打斗的实力能排在中游的位置。2010年3月初与"兴旺"的雪天之战，是一个历史转折点，"大个子"的地位开始上升。此战中，"兴旺"不仅手部受伤，地位也开始慢慢下降。从此猴群进入了一个新的时代，2010年3月—2010年底是一个权力的真空期，没有一只占据绝对优势的"王者"。这时期，猴群中地位最高的是"兴旺""大个子"和"一点红"3只公猴。3只公猴实力相当，但在2011年3月以后，"兴旺"迅速衰落，"大个子"则超过了"兴旺"和"一点红"，成为猴群新一代的"王者"。

"大个子"称王的资本是它超过其他公猴的体型，在动物界的战斗中体型的大小可以决定力量的大小，体型大在竞技中可以占得先机。这一特点也一直延伸到了人类的体育比赛中，所以在一些体育竞技项目中，为了保证竞赛的公平分成不同的重量级，比如拳击、散打、跆拳道、举重等项目。滇金丝猴的社会当然不会划分不同的重量级。

"大个子"不仅体型大，身体也很健壮，它的力量在公猴中是出类拔萃的。"兴旺"在战斗中是依靠迅捷的速度，"大个子"则是依靠强大的力量，各有不同，但它们都会扬长避短发挥自己的优势，这是滇金

"大个子"的英姿

丝猴公猴的聪明之处。当然它们还有共同点，那就是它们都有无畏的战斗精神，它们都有成为"王者"的原始冲动，这是非常重要的。

2010 年初的"大个子"家庭

岁末惨案

时间回到"大个子"在取得主雄地位后，也就是2009年底。它带领着一帮妻儿，平静地生活着，一切都十分安详。平静的后面往往蕴藏着风暴，打破平静的石子很快要落在水面上了。

2009年12月31日，和往常一样，我和同事们吃过早点，开始往山上爬，准备去观察猴群。在距离猴群一公里时，有个护林员急匆匆地跑下来向我们报告，有一只小猴被咬伤了，伤势很严重，我们立刻赶往事发现场。事发现场在一个山坡上，山坡上长满了高大的云南铁杉树，在云南铁杉树下长着一些5米左右高的杜鹃树。有几个护林员站在杜鹃树下向上张望，我看见在云南铁杉树和杜鹃树上分散着一个滇金丝猴家庭，它们稀稀拉拉的东一只西一只，有一只小公猴蹲坐在杜鹃树上，身上血肉模糊，有一截肠子拖在肚皮外，场面相当惨烈。

在我们查看的同时，护林员向我讲述了事情的经过：早上他们巡护到了猴群附近，在猴群移动时发现"大个子"家庭有点不对劲，其他家庭都向下往水沟边移动了，"大个子"家庭却待在原地不动，更奇怪的是母猴们显得很惊恐，嘴里不断发出哀叫声。他们仔细观察，发现有只小猴受伤了，"大个子"还不断向小猴靠近，而小猴则努力想远离"大个子"。他们初步判断是"大个子"伤害了小猴，所以隔开了小猴和"大个子"，暂时将小猴保护下来，并且派人来通知我们。

当务之急是对小猴进行抢救，我一边派动物医生回去拿救护箱，一边组织人准备将小猴从树上抱下来。小猴可能是出于对"大个子"和人的恐惧，不愿下树，甚至试图往更高处爬，但这种选择显然对它

受伤的小猴

悲伤的母猴

不利。费了九牛二虎之力，我们终于将它弄到了地面。我们对它进行了仔细的检查，发现它的腹部和背部有伤口，在皮上有牙齿咬破的洞，更糟的是肚皮被咬破了，大部分肠子流出来拖在外面。我们对它进行了简单的处理后收容到了救护站中，但由于伤势太重，中午它就死亡了。

我很快又返回到猴群边上，我很好奇到底发生了什么。从中午开始，我一直跟随"大个子"家庭进行观察。很快我就有了新的发现，我发现"大个子"的嘴角有血迹，肚皮上也有血迹，难道"大个子"也受伤了？在重重疑问之下，我用望远镜进行了仔细的查看，发现血迹不是"大个子"的，是其他猴子的血沾在了它身上。猴群中除了那只受伤的小猴没有其他猴子受伤，再联想早上"大个子"试图靠近小猴，而小猴逃跑的情形，可以断定是"大个子"伤害了小猴。

"大个子"刚登上历史舞台，就用这样令人惊惧的表演让人刻骨铭心。在这场残酷的杀婴剧后，有什么玄机，成了我思考的问题。

"大个子"主导的"杀婴事件"让我进一步认识了滇金丝猴。

杀婴行为在许多动物中都存在，目前的研究发现，在鸟类、啮齿类、肉食类和灵长类的一些种类中有杀婴行为。现阶段的研究认为，非人灵长类的雄性杀婴行为有以下这些原因。

一是雄性繁殖策略假说。这种假说认为雄性杀婴有利于自身的繁殖成功，尤其在一雄多雌的群体结构中，很多雄性没有交配的机会，雄性之间竞争激烈。在繁殖群中每一个主雄任期较短，新来的主雄杀死哺乳期的婴猴可以中断哺乳，使雌性尽快进入发情状态，缩短雌性的生殖间隔，有利于自身繁殖成功，产生更多的后代。

二是减少未来竞争者假说。这种假说认为成年雄性倾向于杀死雄性的婴猴，是为了给自己的后代减少未来的同性竞争者。

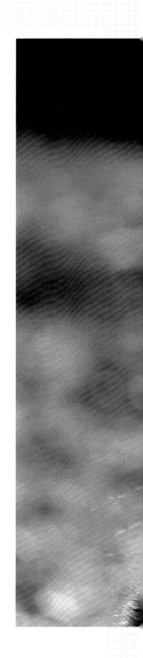

嘴角有血迹的"大个子"

三是误伤假说。这种假说认为由于外界因素的干扰，导致猴群争斗频率和强度增加，雄性间等级不稳定和主雄频繁更换等。雄性并非故意施暴，而是在与其他个体冲突或是骚扰雌性想获得交配权时误伤婴猴至死。

四是社会疾病假说。这种假说认为病态的社会中，外来的因素使雄性变得暴躁，出现暴力行为。

五是肉食假说。这种假说认为杀婴是为了获得肉类食物。

在讨论"大个子"的杀婴行为时，我们应该注意这几个问题，一是当时"大个子"是刚刚取得了家长地位的新主雄。二是它所入侵的家庭刚刚经历了主雄的更替，母猴接受新的主雄有个过程。三是哺乳期的母猴拒绝雄性的倾向更明显。我们认为用雄性繁殖策略假说解释比较合理，被杀的小公猴处于哺乳期，在哺乳期母猴会拒绝与公猴交配，"大个子"为了提高自己的繁殖效率动了杀机。第二和第三种假说也解释得通。

杀婴行为在滇金丝猴中并不常见，在其他灵长类中也是如此，这是一种偶然事件，因为许多发生了主雄替代的家庭中，大多数的婴幼猴还是存活下来了。杀婴行为发生的概率可能和家庭的变动、母猴对新主雄的接受时间、社会环境的压力、公猴的繁殖策略等有关。

从情感上讲，我不相信滇金丝猴是一种会杀死同类的动物，因为相比其他动物，滇金丝猴无论从外表还是从性格上讲，都是一种温文尔雅的动物，是动物界中的"绅士"，它们与残暴和阴暗沾不上边。但我们要一分为二地看待问题，从"大个子"的角度和滇金丝猴的社会模式细细思考这个事件，动物在自然界中以传承自己的基因为己任，其他一切行为都是为传承基因服务的，它们这样做无可厚非，这是动物的一种本能。我们不能因此说"大个子"是一只自私和残暴的公猴，它虽然取得了主雄的位置，但它在这个位置上能待多久是个未知数，有可能明天其他公猴就打败了它，并取而代之，所以它需要让它的母猴都尽快发情与它交配，提高自己的繁殖效率。真是青春

有限，必须争分夺秒啊。一旦有自己的后代出生，一代传一代，自己的基因将被无限扩展和延续。"大个子"是一只优秀的大公猴，它的基因应该是优质的，优质基因的不断传承和扩散是物种保存和进化的关键。从这个角度讲，"大个子"的行为也有积极的一面。

相对于这些单纯的非人灵长类，我们人类是最复杂的灵长类。就杀戮同类来说，非人灵长类只是单纯地为了传承自己的基因，人类的杀戮理由可谓是五花八门，尤其大规模的战争，后果令人不忍直视。

当时，发生了"杀婴"这么大的事情，我想"大个子"的家庭会四分五裂，母猴会离开它，谁愿意和"凶手"在一起呢？出人意料的是，从小猴子的尸体在它们眼前消失的那一刻开始，猴子们就慢慢在恢复平静，到中午时分，"大个子"家庭就完全恢复了平静，失去孩子的母猴不再表现得惊慌和悲伤。猴群午休的时候，整个家庭的猴子都在一棵树上休息，还相互理毛和抱团取暖，"大个子"也得到了母猴们的理毛和拥抱。这不是它们冷酷无情，而是要面对现实，或者说这种行为在它们的社会中一直存在，它们是见怪不怪了。

"杀婴事件"后的午休

俘获芳心

时间来到了2011年夏天，"大个子"家庭早就走出了2009年"岁末惨案"的阴影，在夏日的阳光和雨露中，它带领众"妻妾"沉浸在夏日温暖、甜蜜的时光中。

2011年也是"大个子"地位飙升的一年，它在年初登顶"王者之位"。"大个子"在成为"王者"之后，和"兴旺"一样获得了最多的生存资源，它的家庭占据了最多的食物、水和休息场所。它也占据了最多的繁殖资源，它的家庭有4只成年母猴和1只亚成年母猴，这个数量在滇金丝猴的"后宫"中也算是佼佼者了。

这一年，"大个子"如同猴群中的明星，它的英勇善战，让公猴们胆寒，让母猴们倾心，同性相斥，异性相吸，磁铁原理似乎在这里也发挥了作用。对于一只公猴，对异性的吸引力也是成功的标志，如果异性主动投怀送抱，那它的魅力更是不一般了。

响古箐猴群中有两只"如花似玉"的小母猴"保姆"和"豆芽鼻"，到2011年夏天，两只小母猴从外形上判断有四五岁了，它们到了选择夫君繁育后代的年龄。从2009年我认识它们开始，它们就一直生活在"一点红"的家庭，2010年我还观察到它们和"一点红"交配，所以它们不大可能是"一点红"的女儿，因为在滇金丝猴的世界中它们也恪守伦理道德，不会出现近亲繁殖。"一点红"的家庭来源我不清楚，但可以肯定它也是通过打斗成为主雄取得家庭的，"保姆"和"豆芽鼻"可能是它从其他的公猴处抢夺得来的。

也许是"大个子"的实力打动了两只小母猴的芳心，先是"豆芽

"豆芽鼻"

打斗中的"大个子"

鼻",后来是"保姆",两只小母猴从"一点红"的家庭转移到了"大个子"的家庭。猴群中风平浪静,两只大公猴甚至没有明显的打斗,是两只小母猴主动离开的,"一点红"也是很无奈。"一点红"在"兴旺"时代实力就排在第二,"大个子"时代也是排在第二,可以说是猴群中的"千年老二"。在这个曼妙的夏天,猴群中的老大和老二之间用硬实力说话,不用你死我活的肉体拼杀,一场没有硝烟的战争后,"一点红"失去了两只小母猴,"大个子"则抱得美人归。

我们不必去责怪两只小母猴,说它们薄情寡义,弃"一点红"而去。选择一个更有实力的公猴是它们的权利,在残酷的自然界中,一只强壮的公猴能保障它们有更多的后代,后代有较高的成活率,能保障它们和后代生活得更好,这几乎是全部动物所追求的。达尔文等人开创的"性选择理论"认为,雄性竞争和雌性选择决定了动物所采取的繁殖策略,在滇金丝猴身上我们看到这个理论是适用的。

在滇金丝猴的社会中,我们可以看到公猴通过打斗直接来抢夺母猴,这是大家所熟知的事情。也可以看到母猴主动离开原来的家庭,到其他家庭的情况,例如"保姆"和"豆芽鼻"。这些行为是十分有意义的,一是通过雄性的替代和雌性的迁移两种途径,实现了两性的选择,并以此为基础构成了滇金丝猴社会的"婚配制度";二是通过这种主动选择,有效避免了近亲繁殖,避免了有害基因的积累,促进了优秀基因的组合。

"大个子"在得到"保姆"和"豆芽鼻"之后,它们在温润的夏日中,迅速坠入爱河,在一番卿卿我我之后,2012年的春天修成了正果,两只母猴都生下了小猴,家庭中的其他母猴也不断生下小猴,"大个子"家庭迎来了鼎盛时期,一时也是"妻妾"成群、猴丁兴旺。

"大个子"的"王者"之路在甜蜜和平顺中进行着,时间慢慢消逝,2011—2015年,"大个子"一直是猴群的"王者",没有一只公猴能够挑战它的地位。

响古箐的夏天

岁末大战

    自然界没有永远的"王者"，"大个子"经过几年的打斗，身体消耗也很大，加之年龄在增加，"大个子"在慢慢衰老。我曾近距离观察过"大个子"，它似乎很注重保护自己的容貌，经过了这么多年的打打杀杀，它的脸庞上几乎没有留下一点伤疤，还是那么的红润光滑，不像当年的"兴旺"，到后期满脸都是伤疤。但我也观察到"大个子"的身体似乎比以前小了一圈，在它的背上还出现了一些长长的白毛，这是公猴衰老的标志。"大个子"身体的细微变化，被全雄单元的公猴敏锐地察觉到了，它们总是在猴群中寻找替代主雄的机会，它们首选的进攻目标是身体状况欠佳的个体，是十足的机会主义者。

    2015年的最后一天，猴群中的平静被打破了，全雄单元中的3个光棍发起了"岁末大战"，公猴们的抢妻大战从来都是不管时间节点的，没有年初岁末和假期节日的概念。3个光棍，一只是以前的主雄，失去家庭后混迹于全雄单元的老公猴"白脸"；另外两只是从猴群中成长起来的年轻公猴"兴盛"和"米粒"。"兴盛"是第一代"王者"——"兴旺"的儿子。3只公猴结成联盟，向"大个子"发起了挑战，它们有一个共同的目标：抢掠几只母猴，过上一只正常公猴应该过的日子。它们当中"白脸"对于抢妻很有经验，它经历过数次抢妻大战，它曾经拥有过母猴和家庭，在几番大战之后又失去了所有。"兴盛"和"米粒"年龄在八九岁的样子，也到了成家立业的年龄了，在体内雄性荷尔蒙的刺激下，两只小公猴越来越有攻击性，它们有的是干劲。3只公猴，老的有经验，小的有干劲，似乎是十分完美的组合。

"白脸"大战"大个子"

    它们采取了十分冒险的举动，直接向"大个子"发起了挑战。"大个子"虽然是英雄迟暮，但目前它还是这个猴群的"王者"，也许这3只公猴仗着人多势众，采取的是"擒贼先擒王"的策略，如果把"大个子"打败了，猴群中的其他公猴还不得乖乖就擒。再者，猴群中"大个子"家庭的母猴最多，它们得手的话收益是最大的。当时"大个子"家庭既有3只正值壮年的适龄母猴，还有3只深闺待嫁的小母猴，它们也都到了发情交配的阶段。小母猴长大后如果父亲还在这个家庭中的话，为了避免近亲繁殖，必须离开家，它们倾向于选择一只强壮的公猴。敢向"大个子"挑战的公猴肯定不是一般的公猴，是会得到异性的爱慕的，3个挑战者似乎有很大的机会得到小母猴们的青睐。

    战斗异常惨烈，4只公猴在树林中追逐厮打，攻击声和惨叫声不绝于耳。"米粒"可能没见过这么大的阵仗，参战不久就逃跑了，"白脸"和"兴盛"坚持不懈地攻击着"大个子"，"大个子"也进行了强硬的

回击。最后，"大个子"负伤了，一瘸一拐的，"兴盛"右下嘴唇被抓破，"白脸"负了重伤。到了下午，硝烟散去之后形势明朗了，"白脸"抢到了母猴"保姆"，"保姆"是一只正值壮年的母猴。它之前生活在"一点红"家庭，因为倾慕"大个子"，主动来到它身边，如今又被"白脸"抢到手。由于阿姨归顺了"白脸"，"大个子"的两个女儿小萝莉"二乙"和"二丙"也懵懵懂懂地跟随了"白脸"，"白脸"可以称得上是它们的大叔了。

但剧情很快发生了变化，第一天空手而归的"兴盛"在第二天反目，它向"白脸"发起了攻击，"白脸"也奋起反击，一场拉锯战又开始了。"白脸"由于受伤严重，"兴盛"又正处在壮年，拳怕少壮，"白脸"最终败下阵来，刚到手的3只母猴又被"兴盛"抢走了。幸福的生活还没来得及开始呢！怎么会这样呢？"白脸"这只游走江湖的老公猴，2016年新年的第一天就在伤心和失落中度过，哦，不！还有"大个子"，它也承受着失妻之痛，一对冤家算是同病相怜了。

蓄势待发

73

"二丙"

"二乙"

"王者"的智慧

　　"岁末大战"是"大个子"的"王者"征途的一个转折点，从此"大个子"从神坛上跌落，它已经不是猴群中最强的公猴了，新的"王者"即将登上历史舞台。在猴群中年轻一代的公猴们茁壮成长，并与"大个子"展开了争夺战，但是"大个子"没有从我们的视线中消失，时至今日，它和它所带领的家庭依然在猴群中生活，它依然占有几只母猴，拥有一个完整的家庭，并且它的家庭中每年都有婴猴出生。从它上位主雄至今，有10年的时间了，这个时间对于公猴的年龄不算很长，但作为主雄算是很长了，它作为猴群中的"王者"也有近5年的时间了，这绝对是一个传奇，和它同时代的其他主雄早已作古，如"兴旺""双疤""一点红""花唇""大花嘴"等，还有全雄中众多的匆匆过客。"大个子"就是活着的传奇。

　　是因为"大个子"实力超群，还是它有其他的处世哲学呢？在我看来，"大个子"不仅有实力，还有自己独到的处世哲学。实力是会随着年龄的增加而减弱的，"大个子"在实力下降之后，没有像"兴旺"一样刚烈，战斗至死，至死不屈。它为了保存实力和保住自己的母猴，采取了保守的策略，它接受了其他公猴的崛起，不再像以往那样争强斗狠，它从争斗的中心退到了边缘。现在它带领着剩余的两只母猴和儿女们过着平静的日子，就像一个看破红尘的老者，平静和稳定才是它所追求的，它显得十分豁达，放弃了那些无谓的功名。它在猴群中的地位从顶端降到了中游的水平，但它很安然，曾经风云过，如今放下又何妨？

　　在"大个子"转入低谷时，第三代"王者"开始进入我们的视线，这个未来的"王者"，在2014年就开始蠢蠢欲动，以图霸业，它就是"红点"。

"红点"成长记

　　"红点"是猴群中成长起来的一只小公猴，从我2008年开始观察猴群，它就在群体中了，它还有两个好哥们"黄毛"和"裂鼻"。从我看见它们的那天起，它们仨就形影不离，一起取食，一起玩耍，一起迁移，一起休息，就称它们为"三英组合"吧。3只小公猴个头一样大，可能年龄也是一样大，它们有时在全雄单元中，有时跟在"双疤"家庭的后面，"双疤"也不驱赶它们。它们还会和"双疤"的家庭成员进行理毛、抱团等亲密行为，它们是不是与"双疤"有血缘关系，由于没有准确的信息，我也不能肯定。2008年，我根据它们的体色和体型判断它们当时的年龄在2～3岁。时间来到了2013年，它们也有7～8岁了，在滇金丝猴中也算是"小伙子"了，面临着娶妻生子的问题。

　　2013年的夏天，3小只公猴长得很快，体形看上去和成年公猴一样，它们的实力也在逐渐壮大，开始不再安分守己，频繁对母猴们眉来眼去进行骚扰。公猴攻击它们，它们也会短暂应战，只是还没有打赢过任何一只公猴，在打斗这个行列它们还是"菜鸟"级别。也是在这个夏天，一只外来的残疾公猴"断手"抢夺了4只亚成体母猴"毛脸""偏脸""圆脸"和"零辛"，组建了一个家庭。残疾的公猴也能取得家庭，而且是刚从其他猴群到展示群的"外来户"，这出乎我们的意料，可能也出乎了猴子们的意料，尤其是那哥仨。它们很是不服气，把目标对准了残疾的"断手"，对"断手"家进行了长期的骚扰，经常尾随在"断手"家庭后面。有时"断手"不堪其扰，就攻击它们，它们也会进

"三英组合"

行回击，整个2013年的冬天，4只公猴都是在这样的拉锯战中度过的。

　　"断手"是从响古箐其他野生猴群中迁移来的，在2008年秋天，我在响古箐海拔3800米的冷杉林中第一次意外拍摄到它，后来我在野外还邂逅过它。它那个时候还在全雄单元中，不知什么原因失去了右手前臂。2012年冬天，它与其他几只全雄单元的同伴一起来到了响古箐展示群，从此开始了一段传奇故事。

　　不要小看"断手"是一只残疾的公猴，它的战斗力非常强悍。混迹在两个猴群中，它可能见过很多大场面，面对3只亚成年公猴的围攻，它能泰然处之。"断手"不仅强悍，还十分聪明。由于失去了右前臂，它实际成了3足行走的动物，在树上打斗不仅要保持身体平衡，还要进行攻击，这样的缺陷对它是十分不利的，所以"断手"在打斗时会故意将打斗引向地面。在地面上没有失去平衡掉下树的担忧，它可以专注于攻击，所以它的胜率也很高，我们给它冠以"陆战之王"的称号。"三英组合"以为是挑到了一只软柿子来捏，但它们错了，它们很快要为自己的决定付出代价了，它们在为成长交学费，也许这就是"王者"成长的代价。

2008 年的"断手"

初到响古箐的"断手"

成长的代价

2013年匆匆过去，2014年1月在严寒中开启了。1月是响古箐最冷的月份，整个山谷冷风飕飕，寒气逼人，落叶树在一夜之间被剃光了头，树叶落尽，只剩下枝干在寒风中颤抖。1月11日早上是一个冰冷的早晨，我早早地来到了猴群所在的树林边上。那时的温度太低了，我穿得很厚还瑟瑟发抖，多么希望太阳升起来啊，太阳出来就暖和了。山沟里太阳来得很慢，有些山沟到中午12:00都不见太阳的踪影。由于气温低，猴群也懒得取食，它们不下来取食反而往更高的树尖爬去，因为树尖太阳照得早。那些主雄们带领着各自的家庭成员霸占了大树的顶端，松散的全雄们敌不过这些庞大的家庭，让出了舒适的大树，纷纷跳下树，来到了我前面的灌木丛中取食。

突然，一只奇怪的猴子吓了我一跳，这只猴子满脸是血，上嘴皮被撕成了两半，一直撕到了鼻子根，嘴皮撕成两半后包不住牙齿，在血窟窿中露出了一排森森白牙，乍一看非常瘆人。我马上意识到可能是公猴之间发生打斗了，我仔细辨认受伤的是哪一只公猴。在一番辨认之后，我确定了受伤者是"红点"。施暴者是谁呢？前两天我观察到"断手"和"红点"它们哥仨的打斗更频繁了，难道是"断手"干的？

我正在疑惑之时，巡护员给了我一个重要的信息。有巡护员看见，天刚亮，"断手"就和"红点"为首的"三英组合"在树林中追逐打斗。那么，应该就是"断手"干的了！可能是3只亚成体公猴去骚扰"断手"家庭，被"断手"狠揍，还把"红点"的嘴皮撕成了两半。随后，我观察到这几天"三英组合"离"断手"都较远，也没有去骚扰它家，

受伤的"红点"

可能是受到了教训，忌惮"断手"的威力了，这更加肯定了我的判断。它们之间会这样相安无事吗？那太低估一只年轻公猴想成为主雄的决心了。

北来的寒风真是厉害，在"红点"受伤后，一场大雪就在寒风的裹挟下降临响古箐，大雪覆盖了整个响古箐山谷，也暂时压住了全雄单元公猴们膨胀的欲望，冬天就这样在平静中度过了。

大雪中的响古箐

"三英战吕布"

　　当南来的暖风吹来时，生命的春天又轮回到了响古箐山谷，树木吐绿，草长莺飞，一切又开始苏醒了。同样苏醒的还有"三英组合"的欲望，从3月份起，它们与"断手"的拉锯战又开始了。3只公猴隔三差五地骚扰"断手"的家庭，"断手"不断反击，疲于应付。我们都对它们的打打闹闹习以为常了，却没想到，在这平常的打闹之下，一场大战正在悄悄地酝酿着。

　　那天我起得很早，来到猴群边，猴群大部分还在睡觉休息，树林中一片寂静。突然，在距离猴群百米远的树林中沙沙作响，我拿出望远镜仔细观察，是两只公猴在打斗，它们的打斗从树上一直打到了地面，后来一只公猴落荒而逃，另一只公猴在后面紧追不舍。两只公猴跑过来的方向正好是我所在的水沟边，我得以近距离观察它们。我看清楚了，后面追赶的是"断手"，前面逃跑的是"黄毛"，很明显"黄毛"又被"断手"狠揍了一顿。"黄毛"逃到了水沟边，有一个5米多高的土坎挡住了它逃跑的路，"断手"追了上来，"黄毛"无路可退了，没有办法，只得回头迎战"断手"。

　　两只公猴在水沟边进行了短兵相接的战斗，追逐、撕咬、抓打，伴随着嗷嗷的怒吼，两只公猴打成一团。从身型上看"断手"要比"黄毛"大一些，"断手"是成年公猴了，身体已经发育成熟，"黄毛"是亚成体，正在长身体，身体还没有发育成熟。身大力不亏，在地面"断手"如鱼得水，勇猛的性格加上身型的优势，使它占了上风，"黄毛"节节败退，被"断手"攻击得顾头不顾尾。刹那间，"断手"将

"断手"的空中英姿

"黄毛"按在了地上，然后一口咬住了"黄毛"的后背，"黄毛"发出了阵阵惨叫声。大公猴五六厘米长的犬牙咬入后背可不是闹着玩的，我为"黄毛"捏了一把汗，心想"黄毛"今天可能要殒命水沟边了，公猴在打斗中丧命是很常见的。在这万分危急之时，从旁边的树林中蹿出两个黑影，开始攻击"断手"，原来是"黄毛"的好兄弟"红点"和"裂鼻"赶来了。"断手"松开"黄毛"，"黄毛"趁机溜进了旁边的树林中，"红点"和"裂鼻"挡住了"断手"的去路，不让它追赶"黄毛"。双方隔着一条小溪对峙着，不断露出犬牙威胁对方，但谁也不敢贸然出手。对峙了几分钟后，"断手"先离开了，回头去找它的母猴，"三英组合"则在水沟边做短暂的休息。

我仔细观察"黄毛"，它背上的伤口由于长毛覆盖看不见，下嘴唇被咬掉了一块，鲜血淋漓，我想起了年前"红点"上嘴皮被撕成了两半，不禁觉得好笑，"断手"是撕嘴高手啊！现在，"红点"的上嘴唇已经愈合，今天它十分兴奋地投入战斗中，真是好了伤疤忘了痛。但这

水沟边对峙

受伤的"黄毛"

是一只公猴应该具备的素质，因为一点伤痛就畏缩不前而选择放弃，那就永远不可能抢到母猴。

3只亚成体公猴与"断手"的"三英战吕布"剧情落幕后，它们之间消停了一段时间。"三英组合"联合作战，却没能将"断手"制服，在这之后，它们仨的友谊似乎也走到了尽头，它们开始为各自的未来作打算。不久，"裂鼻"离开了猴群不知去向，"黄毛"与"断手"后来还有打斗，不久也离开了猴群，只有"红点"一直在猴群中，它似乎是嗅到了机会。在2014年的夏天，"红点"的身体长得很快，有几次我还把它认错了，它的变化实在是太快了，身型已经和成年公猴相差无几，只有上嘴皮的那条伤疤依旧那么明显。

"红点" 上位主雄

8月，雨季已经持续了数个月，潮湿还有偶尔的闷热伴随着响古箐山谷。猴群在享受着丰富的夏季大餐，个个变得膘肥体壮。一天，猴群中的浪子"白脸"回到了猴群，引起了猴群的骚动和警觉，因为"白脸"每一次回来都要搞点事情，试图抢其他主雄的母猴，这一次也不例外。8月底的一天，骄阳如火，"白脸"与"红点"联手攻击"断手"，"断手"可能是架不住长年的打斗搏杀，"红点"的实力也今非昔比，还有"白脸"做帮凶，"断手"在打斗中落入了下风。

在一番追逐后，打斗转移到了一片茂密的树林中，雨季的树林枝繁叶茂，我根本看不清打斗的细节。在几番打斗之后，下午时分尘埃落定，猴群中恢复了平静。我发现"断手"身后只跟随着一只母猴"偏脸"以及它2014年生的婴猴"四庚"，其他成员跟随了"红点"的后面，它们是3只亚成体母猴"毛脸""圆脸"和"零辛"。更糟糕的是"断手"受伤了，左侧的脑门上有一条七八厘米长的伤口，还好只是皮肉受伤，没有伤及大脑。

"断手"是一只让人敬佩的残疾公猴，它是身残志坚的代名词。2008年秋天，它首次出现在我的镜头中，2012年冬天，它来到响古箐。这些年它给了我们太多的惊喜，它的执着铸就了它的伟大。

"白脸"在打了几架，凑足了热闹之后也没有母猴跟随它，过了几天，它又离开了猴群云游四方去了。"红点"的锲而不舍得到了回报，它成功上位，现在它也是一只主雄了，有了3只美丽的母猴做娇妻。

受伤的"断手"

失败后的"断手"和"偏脸"

获胜后的"红点"和 3 只母猴

"红点"的崛起

　　"红点"在取得家庭后，它的实力得到了众多母猴的青睐。2014年底，"红脸"家庭的一只亚成体母猴"零乙"迁移到了"红点"家庭。"红脸"的实力是仅次于"大个子"的二号公猴，而且"零乙"和"红脸"也没有血缘关系，可见众母猴对"红点"是非常看好的。

　　进入2015年，"红点"的家庭成员越来越多。在3月中旬，"红点"与回归猴群的哥们儿"裂鼻"先后攻击了"单疤"家庭。"单疤"是一只老龄公猴，架不住年轻公猴的攻击，它的家庭成员很快就被抢走了。亚成体母猴"小黑"和"二丁"来到了"红点"家庭，母猴"白玉顶"和幼猴"四戊"到了"裂鼻"家庭，"单疤"家庭就剩母猴"记号"和幼猴"四丁"。8月份，亚成体母猴"春分"也到了"红点"家庭。至此，"红点"家庭的母猴有6只，分别是"小黑""毛脸""零乙""零辛""春分""二丁"。"红点"家庭的母猴还有一个特点，就是年轻，它的母猴基本是还没有生育过的亚成体，生育潜力十足，"红点"也是一只年轻的公猴，整个家庭充满了朝气，一派欣欣向荣的景象。2015年，"红点"家庭在不断地壮大。时光匆匆，2016年到来了，"红点"要怎么迎接这个充满希望的年份呢？它将有怎样的收获呢？

　　2016年春天，"小黑""毛脸"和"零乙"先后生下了3只婴猴，"红点"沉醉在儿女绕膝的天伦之乐中。这时候的"红点"需要提升自己在群体中的地位，以保障自己众多妻儿的衣食住行。

　　2016年初，摆在"红点"面前的是这么一些对手：大龄的主雄"大个子""红脸""联合国""单疤""断手"，年轻的主雄"兴

2016 年的 "红点" 家庭

盛""裂鼻"，还有全雄单元中的小青年"米粒"和"春光"，以及流浪老剑客"白脸"。分析这些对手，最强的是"大个子"和"红脸"这两只老公猴，虽然年龄偏大但雄风犹在，是猴群中排名第一、第二位的公猴。其次是"兴盛"和"裂鼻"，它们和"红点"一样是从猴群中成长起来的公猴，在近两年内实现了从单身到主雄的华丽转身，论实力它们三个在伯仲之间，它们是猴群的未来之星，下一个"王者"将在它们之间竞争产生。"裂鼻"和"红点"曾经是"三英组合"中的盟友，如今却是竞争对手，真是世事无常啊！其余的公猴不是年老体衰就是年轻稚嫩，或是身体残疾，对"红点"构不成致命的威胁，它们都不是"红点"的对手。

上天也十分眷顾"红点"，在2015年的"岁末大战"中，"兴盛""米粒""白脸"联合向"大个子"发难，第二代"王者"——"大个子"被打下了神坛，不仅失去了母猴"保姆"和女儿"二乙""二丙"，它在猴群中的地位也岌岌可危，这给"红点"提供了很好的机会，"红点"来到了命运的十字路口，要么崛起，要么沉沦。

新一轮的竞争在无声无息中展开，对于"红点"来说，下一步的打斗中，它已经不需要抢夺母猴了，它已经有6只母猴，"后宫"算是比较庞大了，几乎达到了一只滇金丝猴公猴所能庇护的母猴的最高数量。

现在"红点"的目标是提升自己在猴群中的地位，确立自己的"王者"地位。

这段时间，公猴之间的打斗每天都在响古箐上演，我发现"红点"的确是一只优秀的公猴，它敢于向任何一只公猴挑战，只要有公猴靠近它的家庭，它就会毫不犹豫地冲过去，与对方进行一场打斗。这种行为在有了3只小婴猴后更加明显了，也许是护犊心切，也许是雄心使然。经过一段时间的打斗，它的手下败将越来越多，"兴盛"和"裂鼻"没有展现出强者的风范，"红点"将它们击败了。"大个子"也没有在与"红点"的打斗中占到便宜，随着战败的次数越来越多，"大个子"已经对这个年轻公猴无可奈何了。当2016年春天到来的时候，和煦的阳光洒满了大地，"大个子"交出了"权杖"，"红点"的时代来临了。

"裂鼻"

跌下王座的"大个子"

"王者"之路

回顾"红点"的抢妻过程，充满了智慧和不屈不挠的精神。说它有智慧，一是它的首选目标是残疾的"断手"，"断手"再强悍也是一只残疾的公猴，它有无法弥补的先天缺陷。虽然抢妻的过程曲折，但它最终还是得手了。二是它联合"黄毛""裂鼻""白脸"等公猴组成"联盟"，壮大了自己的实力，提高了成功率。说它有不屈不挠的精神，是因为"红点"的抢妻历程可谓是充满了艰辛和曲折，它和同盟者们与"断手"的打斗经过了很长时间，前后将近有一年，其间它们的第一次"联盟"还解体了，"红点"也付出了沉重的代价，它的嘴皮被撕裂了，但它没有退缩，依然雄心如初，经过执着的追求和坚守，终于修成了正果。

说起来，"红点"属于要身材没有身材，要颜值没有颜值的类型。它体形一般，没有"大个子"那般魁梧高大。从外貌上讲，如果母猴也懂得审美的话，"红点"颜值一般，算不上"帅哥"，尤其是在那次嘴皮受伤后留下了一道长长的伤疤，使它本来就一般的颜值大打折扣。真是应了那句名言"大自然是最不注重外貌的，除非它对你有用"。"红点"拥有的智慧和执着的品质成就了它，而非外貌。实力才是关键，它在动物择偶中起着决定性的作用。

"红点"和众母猴仗着年富力强，将生育后代的事业发扬光大，2016年有4只婴猴出生，其中1只夭折。2017年又有4只婴猴出生。2018年有2只婴猴出生，2019年有3只婴猴出生。"红点"家庭成了标准的"生育模范户"。"红点"的家庭目前是猴群中个体数量最大的家庭，"红点"的打斗实力也是最强的，其余公猴都对它退避三舍，它已经站在了猴群的最顶端，以一个"王者"的姿态君临天下。"红点"的时代已经开启，并在响古箐的森林中演绎着，它的传奇会怎样延续下去将是我们关注的焦点。

战斗归来的"红点"

2018 年的"红点"家庭

小结

晨光中的雄姿

　　时光荏苒，响古箐山谷里春去春回，山谷中的树木又多了一道道的年轮，我们感叹岁月如梭，回忆响古箐这十来年的时光，这里的主角滇金丝猴给我们展示了一幕幕精彩的故事，尤其是以"王者"为代表的公猴们，它们的故事让我们如痴如醉。只有长年和这群精灵打交道，才能走进它们五彩缤纷的世界，才能发现它们的美丽与可爱，才能感受它们的七情六欲。曾经我不想以看人的眼光去审视这群精灵，但它们的世界和我们的世界又是多么的相似，猴的"江湖"就如人的"江湖"，让人不得不以人度猴。反之，以猴知人何尝不是一种乐趣呢？况且，猴子没有人类的伪装和虚荣，至少让人免去了心灵的劳累。

　　在滚滚的自然历史车轮中，我们的3个主角或许只是匆匆的过客，它们的所作所为只是一种本能，但它们的行为却有着非凡的意义。这就回到了每一个生命的使命问题上来，生命的使命是什么？抛开现代的思维，回到最原始的本真，在自然界中每一个生命最大的使命就是繁殖，或者说是将自己的基因传承下去，这就是自然界赋予生命的使命，这种使命也使得自然界变得五彩缤纷和繁荣昌盛。自然界中，生命的一切行为都是为繁殖服务的，一切生命活动都是为了更好地繁殖。以滇金丝猴为例，它们的取食、移动、休息、打斗、结盟等，都是为保障繁殖的成功和后代的成活率，后代的成活率保障了自己基因的延续。每一个生命都会离世，在离开时自己的后代依然在繁衍生息，自己的基因依然在传承，这是最值得欣慰的，也是每个生命孜孜以求的。

　　滇金丝猴公猴要实现繁殖首先要取得配偶，滇金丝猴"一雄多雌"

为基础的社会结构加剧了雌性资源的集中，公猴之间的配偶竞争十分激烈，竞争最主要通过打斗和争抢来体现，这也造成了滇金丝猴的公猴世界中充满了打打杀杀。如果滇金丝猴的世界也是"一雄一雌"的婚配制度，和鸳鸯一般，它们两厢厮守一直到死，争斗就将很少。作为灵长类的滇金丝猴公猴之间的竞争，很大程度上脱离了低等生物的范畴，充满了智慧与思想，为此也造就了一代代的"王者"，催生了公猴们的"江湖世界"，成就了我们文章的主角。

时至今日，我们的3个主角有着不同的命运，"兴旺"早已作古化为了尘土，"大个子"已经退居二线颐养天年，"红点"业兴家旺如日中天。它们的不同命运在我看来是不同的性格造就的，我无法深入三只公猴的内心深处一探它们的真实想法，但在与它们的朝夕相处中，我也感受到了三只公猴性格中的异同。"兴旺"是一只刚烈的公猴，它至死不屈，所以它只能在战斗中死去。"大个子"是一只豁达的公猴，拿得起放得下，只在乎曾经拥有，所以它历时十多年依然可以生活在猴群中。"红点"的道路才开始，我们还无法给它定论，目前它呈现给我们的是智慧和执着。

目前，"兴旺"的儿子"兴盛"已经成为猴群中的一只主雄，有4只母猴，生育了8只小猴，它甚至已经是猴群中仅次于"红点"的公猴，是未来的"明星"，它能重现"兴旺"的荣光吗？我们拭目以待。"大个子"的儿子"春光"也成为一只主雄，有1只母猴。"大个子"的女儿"零葵""二乙""二丙""三妞"成为母亲，近几年每年都有婴猴出生。"兴旺"和"大个子"的后代绵延不绝，它们已经荣升为爷爷辈了。"红点"由于年轻，它的后代还小，它还没有成为爷爷辈，但我们相信这一天会到来的。从公猴的使命来讲，或者是从繁殖后代的方面来衡量，"兴旺""大个子""红点"它们3个无疑是最优秀的，它们是这个猴群中最优秀的三代公猴，不愧是猴群中的"王者"。

沧海桑田的大自然依旧上演着日出日落，它从来不会停下向前的脚步，响古箐的猴群依然在生生不息，曾经的繁华总会落幕，曾经的恩怨也会湮灭，曾经的故事依旧在传播。愿逝者安息，生者自强，猴生有涯，王者永恒！

03

滇金丝猴的"后宫"

光棍俱乐部

王者传奇　　童年的生活

引言

"后宫"指的是古代帝王的女人们居住的场所，后来引申为帝王的女人们，包括皇后和众多的嫔妃，它们是帝王的妻妾。中国古代很多朝代由于帝王过于宠幸"后宫"，和对"后宫"管理不当，形成了后宫干政的局面，把朝政弄得乌烟瘴气。

"后宫文化"的主线就是权谋斗争，一群女人为了自己的利益进行较量，这些宫斗不是一些简单的斗争，是你死我活的斗争。宫斗绝对是人性最阴暗的一面，以至于后宫给我的印象就是斗争、杀戮、欺诈、无情等，很少有正面的东西。

"后宫"从婚配制度的角度讲，是人类社会的"一夫多妻"制，一个帝王拥有很多的妻妾，众多的妻妾为这个帝王服务，有"后宫佳丽三千"的说法。这种婚配制度和滇金丝猴的社会有异曲同工之妙，滇金丝猴是以"一夫多妻"为基础的重层社会，滇金丝猴的每一个家庭有一只唯一的成年公猴作为主雄，也可以称之为"家长"，相当于人类的帝王。每一只主雄拥有一到多只母猴（在响古箐的猴群中最多的有6只）做妻子，这些母猴组成了滇金丝猴世界的"后宫"。滇金丝猴的"后宫"是否和我们人类社会的"后宫"一样，充满了权谋斗争，过着一种竞争的生活，还是充满了温情，过着一种互助互利的生活，这将是我们关注的焦点。我们仍然以响古箐的滇金丝猴群为观察对象，走进滇金丝猴的"女性世界"。

一夫多妻的家庭

"后宫"的组成

　　古代的帝王挑选嫔妃大致有两种途径，一是在民间进行选妃，把民间的绝色女子选入宫中；二是迎娶王公贵族的女儿，进行政治联姻。在众多的嫔妃中选择一个皇后统领后宫，后宫中皇后是中心人物，皇后的儿子是王位继承的第一人选。争夺皇后宝座，为自己的儿子夺取王位继承人的位置，是后宫争斗的根源。

　　在滇金丝猴的社会中，"后宫"的组成肯定没有政治联姻的因素，在响古箐的滇金丝猴群中，"后宫"的组成更像是民间的选妃，妃子的来源很多元，母猴来自不同的家庭，就像妃子来自全国各地。响古箐的猴群从我开始观察起，2只以上母猴的家庭，母猴大多来自不同的家庭。有些家庭中刚开始母猴可能来自同一个家庭，但随着家庭成员增加，不同家庭来源的母猴会加入进来，形成一个母猴来源多元的联合家庭。

　　在这里，我们以猴群中的"联合国"家庭为例，对滇金丝猴的"后宫"组成做个初步的了解。2008—2009年，我对滇金丝猴社会的很多事情还不知晓，我们刚刚开始对猴子进行个体识别，个体识别后，对于每一只猴子的流动状况就有了可靠的证据。2010年初，我完成了对响古箐展示群的个体识别。也是在2010年初，"联合国"进入了我们的视线。"联合国"家庭是我较早观察到主雄替代的家庭，从这里面我们也可以看出滇金丝猴社会母猴流动的一些状况。在此之前，我一直以为，每一个家庭中的母猴都来源于同一个家庭，它们有共同的血缘。

　　"联合国"是一只从野外猴群中流浪过来的公猴，在当时它是一只意气风发的公猴，个子不是很大，但毛色光亮，身手矫健。2010年1月中旬的一个傍晚，"联合国"向猴群中最弱的一只公猴"拐手"发起了挑战，在一番打斗之后，它将"拐手"打败，并从"拐手"的手里抢夺了1只成年母猴和2只青少年猴。没过多久，"联合国"不满足于现状，又通过打斗，从一只叫"三子"的公猴处抢夺了2只成年母猴和4只青少年猴，它将从两个家庭中抢夺来的母猴合二为一组织在一起，组成了一个大家庭。当时我没有观察到不同母猴联合组成家庭的现象，就将它的名字起名为"联合国"。"联合国"在组成家庭后，在猴群中的实力排位一直在中游的水平，没有什么突出的表现，但它在猴群中生活的时间很长，它的家庭是猴群中最古老的家庭之一，一直延续到2018年9月。

后来我们观察到，和"联合国"家庭一样由不同来源的母猴组成的家庭很多，甚至是滇金丝猴"后宫"组成的主流，是一种非常普遍的现象。从遗传的角度讲，这其实是一个好事，家庭中的母猴来源不同，提高了每一个滇金丝猴家庭的遗传多样性，增加了优良基因遗传的机会，保证了滇金丝猴家庭能够持续发展，也保证了滇金丝猴这个物种不断地进化。从另一方面讲，反映了滇金丝猴的生物学特性，滇金丝猴是一种容忍性比较高的灵长类，它们能容忍和非血缘关系的个体组成家庭，这种容忍性也有利于自身的生存和发展，是一种积极的行为。

"后宫"的竞争

　　我们人类"后宫"的竞争是相当激烈的，而后宫女人们的来去、荣辱、甚至生死，都掌握在君王手中。在大多数情况下，滇金丝猴的母猴却有权力选择跟随哪一只公猴。在加入"后宫"之后，母猴们面临着生儿育女的大事。对于滇金丝猴的母猴们来说，"一夫多妻"制为基础的社会结构导致拥有交配权利的公猴数量较少，而处于交配期的母猴数量较多，公猴资源有点"僧多粥少"。为了在有限的交配季节使自己怀孕，母猴之间要展开繁殖竞争，它们的竞争会和我们人类的"后宫"一样残酷吗？我们来看看它们是怎样进行繁殖竞争的吧。

　　野生动物在自然界最大的天职是什么？应该说是繁衍后代了。要繁衍后代就必须先要有交配行为，滇金丝猴的交配行为比较特殊，在交配行为中，是母猴先发出交配的邀请，所以叫"邀配行为"。邀配由一系列的动作和行为组成，起到刺激公猴交配欲望的作用，然后双方再行鱼水之欢。

　　具体过程是：母猴先看一眼公猴，以引起公猴的注意，然后，小跑一段俯卧在地面或横向树枝上，四肢收于身下，并不断回头看公猴，抖动背上的皮毛，呈现臀部，等待公猴前来交配。如果公猴不理睬，母猴会小跑一段换个位置，重复上面的动作，多时会换五六个位置，直到公猴与之交配。有时邀配不成功，母猴会主动离开。滇金丝猴的邀配动作是它们的肢体语言，是一种对异性进行性吸引的动作，其行为与川金丝猴的"匍匐式"邀配相同。

　　滇金丝猴的母猴们把邀配当作竞争的重要环节，我们有时候可以看

邀配

地面的恩爱

见，在公猴面前邀配的不止一只母猴，会有两只母猴，甚至是3只母猴。刚开始邀配是由一只母猴发起的，它的竞争者也随之发起邀配，公猴面前就出现了多只邀配的母猴，公猴也不知所措，有时干脆放弃交配。通过这样的干扰，竞争者成功搅黄了一件好事，阻止了其他母猴受孕的机会，让自己受孕的机会提高。公猴不会迁怒于竞争者，因为对于公猴来说产生后代就成功了，具体和谁产生后代，对它来讲没有太大的区别。

这种竞争在刚刚成立的家庭中尤为明显。2013年初，寒冬还笼罩在响古箐，曾经在猴群中做过主雄的"单疤"回来了，它和猴群中的"偏冠"进行了一场"老年人"和"残疾人"的打斗，成功将"偏冠"的母猴抢了过来，包括2只成年母猴"白玉顶"和"记号"，3只亚成体母猴"小黑""记印"和"小妖"，还有"白玉顶"2012年生的婴猴。"偏冠"只保住了1只成年母猴"白隔"，1只青少年母猴"零丁"和"白隔"2012年生的婴猴。这些成年母猴是"偏冠"2012年12月才从"大花嘴"的手里抢夺过来的，辛辛苦苦打斗了一场，还没有一个月，自己的胜利果实就付诸东流了。

2011年4月—2013年1月，"记号"这只母猴给我留下了深刻的印象，不仅仅是因为它鼻子上有一颗痣（所以我叫它"记号"），更是因为这期间它频繁地更换主雄，先后跟随过"拐手""偏冠""黑点""大花嘴""单疤"5只公猴，"偏冠"它还跟随过两次，最后到了"单疤"家庭，它总是卷入公猴的争斗中。我们大可不必因此认为"记号"是个颠沛流离的"苦命女人"，这其中有公猴们争夺的原因，但也是"记号"主动选择更强壮的公猴的结果，从中我们也可以窥探到成年滇金丝猴母猴的一种流动状况。

成年的"白玉顶"和"记号"正处于生育的年龄，3只亚成体母猴"小黑""记印"和"小妖"2013年也开始进入生育年龄，5只母猴之间，一场生育竞争不可避免。"单疤"取得家庭是在1月份，3月份春暖花开，气温逐渐升高，滇金丝猴的交配行为也慢慢进入了高峰期。4月初我一直在观察猴群，我也在重点关注新成立的"单疤"家庭。果不其然，5只适龄母猴的竞争在森林中悄无声息地展开了。

以4月2日上午为例，9:27，"小黑"在地面先对"单疤"进行了邀配，没想到"白玉顶"也在旁边邀配，"单疤"和"白玉顶"进行了交配，"白玉顶"夺爱成功。10:01，"白玉顶"在树上对"单疤"进行了邀配，这一回"记印"出来捣乱了，它也在旁边邀配，"单疤"选择了

树上的恩爱

和"记印"交配。更精彩的来了，10:44，"小黑"和"记印"在地面同时向"单疤"邀配，双方有2米左右的距离，"单疤"正在犹豫之时，"白玉顶"在"单疤"和2只小母猴中间位置向"单疤"邀配，在半道进行了截胡，"单疤"和"白玉顶"交配。11:01，"白玉顶""小黑"和"记印"3者几乎同时在树上向"单疤"进行邀配，3只母猴在树上上蹿下跳地进行邀配，"单疤"可能也被搞得眼花缭乱了，望着3只母猴，却没有上前和它们交配，3只母猴败兴而去，到枝头采食去了。在以后的几天，"单疤"家庭就是在这样竞争的状态中度过的，"单疤"也乐见这样的场面，母猴们争风吃醋和大献殷勤，它则努力耕耘，生育的大事可不能耽误啊。

在这样的竞争中，母猴之间没有泼妇的破口大骂，也没有悍妇的动手动脚，更没有谋权害命，它们用自己的方式进行公平的竞争。它们的方式就是用更频繁的邀配，用更夸张的肢体语言，用更有利的位置吸引公猴的注意力，并实现与公猴的交配。这算是滇金丝猴版的争宠和宫斗，有激烈的争风吃醋，但没有人类后宫的武力和血腥。母猴们也不会因为竞争而撕破脸记恨对方，在一番竞争之后，母猴们一起取食，一起迁移，一起照顾小猴，在休息的时候会相互抱在一起睡觉，在睡觉之后会相互理毛，完全没有把邀配时候的得失放在心上，它们的竞争很文明，称得上是君子之争。

以上是交配前的竞争，在交配后同样有竞争。公猴和母猴行鱼水之欢后，如果周围的环境比较安全或是公猴不急于去做其他事情，母猴会给公猴理毛，作为对刚才交配的一种回报，公猴会舒舒服服地坐在母猴的旁边，或是干脆躺在母猴的旁边，让母猴给自己理毛，很像后宫的妃子在精心伺候皇帝。母猴很仔细地给公猴理毛，将公猴毛发之间的草木碎屑、虱子、盐粒等清理干净。表面上，母猴只是为公猴进行了一次卫生护理，深层次的是，母猴增进了和公猴的关系，让它们的关系更牢固，感情得到了升华，使它在与其他母猴的竞争中占据了主动。

繁殖竞争

母猴为公猴理毛

　　母猴们的繁殖竞争就是在这样无声无息的氛围中进行
的，你如果不注意观察或是不了解它们的话，甚至不会发
觉它们之间的竞争。和繁殖竞争的安静相比，母猴之间争
夺食物和休息场所等的竞争就要吵闹得多。

　　可能是灵长类动物雌性的攻击性都不强，我们人类
中女人的攻击性没有男人强，滇金丝猴母猴的攻击性也没
有公猴强，公猴之间稍有不如意就会大打一场，矛盾都

是用武力来解决的，在母猴之间如果发生矛盾更多的是通过面部表情和声音来解决。让母猴们发怒的事情一般是为了争夺食物和水，这些争夺不仅是为了自己，也是为了后代，它们会飞快地取食鲜美的食物，嘴里不断发出嘎嘎的声音，以抗议其他靠近食物的竞争者，它们要保证自己和后代获得最多的食物和水。它们在休息时还会为了最好的位置争吵，尤其在午间休息的时候，它们喜欢在高大的树上休息，树上有粗壮的横向树枝，是它们最喜欢的休息场所，也是争夺的对象，如果树枝容不下这么多拖儿带女的母猴，母猴之间的吵闹就不可避免了。

在万不得已的情况下，母猴也会大动肝火，采用武力来解决问题，它们会用手撕打对方，同时嘴里高声叫唤以提高气势，但很少看见它们用嘴撕咬对方，可能是母猴没有锋利的犬牙，所以它们很少使用咬这种格斗方式。

在滇金丝猴的世界里，家庭中的公猴要保证自己的家庭平安有序，它不能容忍母猴之间的冲突没完没了，影响自己家庭的和谐，所以公猴会出手干预母猴们的争端。母猴们很遵从公猴的旨意，一经干预，都会停止争斗，和平相处。在滇金丝猴"一夫多妻"的社会中，公猴对维系家庭起着非常大的作用。这很像帝王对后宫的管理，用各种制度和清规戒律对后宫嫔妃的行为举止进行规范，保证庞大的后宫井然有序。

滇金丝猴的"后宫"在繁殖、生存等领域存在着不同程度的竞争，这种竞争，是为了繁衍更多的后代和让后代活得更好，从而提高后代的成活率。相对于人类后宫的竞争，这种竞争是一种比较柔性的竞争，至少没有你死我活的性命之忧。

发怒的母猴

阿姨行为

　　滇金丝猴母猴之间，竞争是它们生活中必不可少的一部分，但它们的生活中也并不是只有竞争，它们之间也充满了温情和合作，它们用团队的力量来对抗恶劣的环境和外来的威胁，这种合作精神是它们生存的法宝之一。下面我们对滇金丝猴的合作精神一探究竟。

　　对于滇金丝猴的母猴来说，抚育后代是一件很重要的事情，但滇金丝猴的生活环境和生活方式决定了抚育后代将是一件很辛苦的事。滇金丝猴是分布海拔最高的非人灵长类动物，生活在海拔2600~4200米的森林中，分布区内海拔高、气温低、大风强劲、紫外线强烈，冬季积雪覆盖，夏季多雨多雾，环境条件十分恶劣。再者，滇金丝猴的生活方式可以称得上是灵长类中的"游牧民族"，它们每天天亮后就开始一天的行动，一边采食一边迁移，中午会在森林中作短暂的休息，午休后又开始采食和迁移，到黄昏时，猴群就选择一个安全舒适的地方过夜。一天中，除了午休和夜宿，猴群从来不会停下前进的脚步，每天翻山越岭，过着"逐水草而居"的生活，一天迁移二三十千米是很正常的事。

　　在如此恶劣的环境中，猴群行色匆匆的生活，对没有幼子拖累的公猴都是一种挑战，对于怀抱婴猴的母猴来说更是一种极大的煎熬和折磨。母猴要采食填饱自己的肚子，以保证自己和婴猴的营养需求，它所摄取的营养是要母子共享的。在此基础上，母猴要有足够的体力跟上猴群的行动，掉队就意味着死亡。如果母猴死亡，婴猴也难以存活。母猴名副其实是猴群中生存压力最大的群体。在此状况下，育有婴猴的母猴，光靠自己是无法生存的，滇金丝猴的母猴们会如何破解这个难题？

智慧和大局观在滇金丝猴的身上再次闪耀，它们知道如何应付这种艰难的局面，雌性之间出现了一种相互帮助的行为，我们称这种行为为"阿姨行为"或"保姆行为"。这种行为的具体形式是，在有婴猴出生的家庭中，非母亲雌性就是婴猴的"阿姨们"，会帮助生育的母猴照看婴猴，这些帮助对猴妈妈十分重要。在取食时，"阿姨"会将婴猴抱在怀里，使猴妈妈能够专心取食，不必担心婴猴会从枝头掉下去，或是被天敌伤害。迁移时，"阿姨"会帮助猴妈妈携带婴猴迁移，节省了猴妈妈的体力。休息时，"阿姨"会为婴猴理毛和保暖，使猴妈妈能够安心休息，迅速恢复体力。第一年"阿姨"帮助了别人，第二年它生育的时候，它会得到别的母猴的帮助，收到的回报毫不打折。这种帮助降低了育婴母猴的劳动强度，提高了婴猴的成活率。并且这种行为在母猴中代代相传，长久存在。所以这种行为是互利互惠的，是一种先期的投资，一种长远的投资，这种投资的结果不仅提高了个体的生存适合度，也提高了种群和物种的生存适合度，可以说滇金丝猴是智慧与大局观并存的灵长类动物。

大雪中的冷杉林

"阿姨行为"的意义不仅在于它是一种相互帮助的行为，它对于即将开始生育的亚成体母猴来说，也可以起到练习的作用。亚成体母猴还没有生育过，生育后如何带好婴猴是它们将要面临的一个问题，好的是它们有现成的课堂可以练习，同一个群体内，每年都会有新出生的婴猴，它们就可以练习带这些婴猴，这不仅减轻了猴妈妈的压力，也让自身的抚育技能得到了提升，为以后当妈妈做好准备，真是一举两得。

　　在响古箐的猴群中，目前 "兴盛"家庭有一只成年母猴叫"保姆"，它名字的来源就是因为"阿姨行为"。2010年，"保姆"还在"一点红"家庭中，当时它是一只亚成体母猴，年龄大约三四岁。家庭中还有一位和它一样大的好姐妹"豆芽鼻"，它们都进入了适于生育的年龄。那年"一点红"家庭出生了3只婴猴，3只婴猴的出生忙坏了3位猴妈妈和"一点红"，"一点红"忙着护卫家庭不受打扰，3位猴妈妈忙着照看婴猴，还好，"保姆"和"豆芽鼻"很大程度上减轻了3只母猴的压力。它们在采食和休息之余，只要有一点点闲暇时间，就会跑过来抱着婴猴，不让婴猴们四处乱走，还很耐心地给婴猴理毛。除了哺乳，它们做到了猴妈妈所应该做到的一切，它们也在这个过程中学习到了如何抚育猴宝宝，为以后自己成为妈妈打下了基础。

　　两只亚成体母猴生动地给我们展示了滇金丝猴的阿姨行为。它们给我的印象是"保姆"比"豆芽鼻"更积极和细心，"保姆"如同我们人类社会的专业保姆，所以我在给它起名的时候，就是根据这个特点来取的，这就是"保姆"名字的由来，是一种动物行为促成了一个名字的产生。

　　后来两只亚成体母猴在2011年夏天改换门庭，来到了"大个子"家庭，它们始终积极参与到抚育后代的事情中。2012年，两只小母猴修成了正果，双双产下了自己的猴宝宝。后来的几年中，它们的婴猴不断出生，它们能够细心照顾，没有出现夭折的现象。它们是猴群中标准的"英雄母亲"，这和当年的练习是有莫大关系的。

阿姨行为

"保姆"

姐妹情深

　　在滇金丝猴的社会中，"一夫多妻"为基础的结构决定了一个家庭中会有多个雌性，这些雌性的血缘关系如前所述，有些有血缘关系，有些没有血缘关系，它们组成同一个家庭后，能够相处得很融洽，如同是无话不谈的好姐妹好闺密，有时为了讨好公猴繁衍后代也会争风吃醋，但友谊和亲情仍然是它们之间的主流。

　　这个故事也是和"保姆"有关，2014年，生活在"大个子"家庭的"保姆"，在9月上旬的一天突然不见了。好好的一只母猴，怎么就不见了呢？我们四处寻找，找了几天都不见踪影，活不见猴，死不见尸。9月11日早上，我们又在响古箐中组织寻找，找了一大圈还是没有收获，我们准备暂时放弃寻找。在返程前，我们在一个水沟边休息，对面山坡上有几棵高大茂密的蜡叶杜鹃树。这时，我注意到树上落下来几片树叶，我有点奇怪，当时没有风，而且蜡叶杜鹃是常绿树种，很少有几片树叶同时掉落，难道有什么特殊原因？我满怀疑惑，用望远镜仔细搜索树上，在茂密的树叶中隐隐约约看见一条黑色的东西下垂着，像是一条动物的尾巴，最后确定是树上躲藏着一只滇金丝猴。我招呼其他巡护员到树下查看，果然是走失的"保姆"躲在此处。

　　"保姆"蜷缩在树叶丛中，精神非常差，我怀疑它感染了肠道寄生虫，就捡了几粒粪便带回实验室进行了镜检，"保姆"的确是感染了肠道寄生虫。原来它是因为生病跟不上猴群，才躲藏在杜鹃树上。现在的问题是，猴群已经走远不在附近了，"保姆"也没有体力追上猴群。我们决定就在这棵树上为"保姆"进行治疗，我们将治疗寄生虫的药物放

生病的"保姆"

在猴子的食物中，把食物放到"保姆"伸手够得到的地方，还派了两名巡护员专人进行值守，负责食物和药物的补充，一个临时的野外救护所就这样建立起来。过了3天，"保姆"的病情有点好转，下树到附近的水塘喝水，喝了水它照样爬回那棵蜡叶杜鹃树上休息。就这样，我们在临时救护所里对"保姆"进行了四天的守护和治疗。

9月15日早上，值守的巡护员给我打来电话，说"保姆"不见了，而它也没有回到猴群中，"保姆"再一次和我们玩起了消失。

以那棵蜡叶杜鹃为中心，我们开始向四周搜索，在接近中午的时候，向山坡方向寻找的小组传来了好消息，他们发现"保姆"在一棵高大的云南松上。我赶到云南松下，抬头观察"保姆"，发现"保姆"的精神好多了，在树上攀爬和跳跃都没有问题了。原来"保姆"病情好转后急于寻找猴群，所以跑到山坡的树林中来寻找猴群的踪迹，只是它的不辞而别让我们一顿好找。

　　"保姆"康复了，我们非常高兴，决定当天就护送"保姆"回猴群。我们在山上简单吃了点中午饭：烤了几个馒头，煨了一罐下关砖茶，这是山里面最方便和美味的午饭。吃过中午饭后，我们有意驱赶着"保姆"向猴群的方向移动，"保姆"离开猴群很久了，它不知道猴群的方向，也不知道我们的用意，所以不配合我们，根本不按我们预想的路线前进，到处乱窜，这样我们耗费了很多的时间和精力。时间快要到下午5点了，我们离猴群还有一公里左右，如果不能在天黑之前走完这一公里，我们只能将"保姆"放在森林中，明天从头开始。但明天"保姆"又会跑到什么地方去呢？可能又少不了折腾一番去寻找，所以最好是天黑之前就让它回到猴群中。

　　事情出现了转机，一是地形对我们有利，最后的一段路在一个山沟里，山沟底部没有树木，是一片草地，"保姆"可以不在树上跳来跳去，节省了体力，也加快了速度。二是"保姆"似乎明白了我们的用意，也感知到了猴群在附近，不再到处乱窜，朝着猴群的方向前进了。猴群在山沟西面的树林中，我们离目标越来越近了。

在18:30左右，我们可以看见猴群所在的树林了，甚至可以听见猴群喧闹的声音，"保姆"也听见了猴群的声音，加快了前进的脚步。今天猴群在一片曼青冈原始森林中，这个时候它们已经吃饱喝足，小猴在尽情玩耍，大猴则在挑选夜宿树准备过夜。

在树林的下方是一小片草地，"保姆"需要穿过草地到树林中和它的家庭成员汇合。"保姆"来到了草地边，它看见了在树上玩耍的小猴们，很激动，它已经离开猴群快10天了，这个时间对于过群居生活的滇金丝猴算很长了，它使出了浑身的力气叫了两声。声音听起来有点沙哑，但对于大病初愈的"保姆"来说发出这么大的声音已经很不容易了。很幸运的是，"大个子"家庭的成员听见了"保姆"的叫声，并且有了反应。滇金丝猴识别身份时不仅仅看外表，它们还能够根据声音来相互识别。我们听滇金丝猴的声音，每一只都是差不多的，最多有公猴与母猴、大猴与小猴的差异，但在它们听起来每一只猴子的声音是不一样的，这些声音就如同它们的"身份证"。"大个子"家庭的成员在听出是"保姆"的声音后，离开猴群从树林中走了出来，循着声音来到了草地上，母猴和小猴们冲在最前面，"大个子"则跟在后面，它们嘴里面不断发出声音，似乎在召唤"保姆"。

"细毛"走在最前面，它是"大个子"家庭中最老的母猴，是这个"后宫"中名副其实的"大姐大"，它看见了坐在草丛中的"保姆"，快速上前在"保姆"的脸颊上亲吻了一下，并且用手摸"保姆"的各个身体部位，好像在查看"保姆"是否完整无缺。其余的猴子也跟了上来，"保姆"的好姐妹"豆芽鼻"也在它的脸颊上亲吻了一下。"保姆"2012年出生的儿子"二甲"也匆匆赶来，在妈妈的脸颊上亲吻了一下。在家庭成员的安慰下，"保姆"的情绪稳定下来，整个家庭欢叫不止，沉浸在无边的欢乐中。

"豆芽鼻"和"保姆"的感情是最深的，它们一起长大，一起玩耍，一起择夫，一起生育，从来没有离开过。"豆芽鼻"抱着"保姆"，很仔细地给它理毛，似乎要将这几天的思念都寄托在理毛上，"保姆"则歪着脑袋、微闭双眼，享受着"豆芽鼻"的理毛，从它的神情上看，它很享受这样的亲情时光。

我一直在关注"大个子"的表现，在爱妻失而复得之后，它会有怎

姐妹情深

"细毛"安慰"保姆"

样的表现呢？一个深情的拥抱，或是一个长长的吻？这也太浪漫和人性化了吧！但出乎我的意料，"大个子"没有上前拥抱，也没有亲吻，它只是坐在母猴和小猴的身旁，嘴里发出低沉的长长的"嗯嗯嗯"的声音，似乎在向"保姆"诉说它的思念。直到我们离开，"大个子"都没有做出任何的肢体语言，它只是在用声音表达它的感情，在感情的表露上，公猴比母猴似乎更内敛和深沉。

在初秋的傍晚，天气渐凉，草地上的"团圆之曲"给这个清凉的黄昏带来了阵阵暖意。夜幕逐渐降临，"大个子"一家一起离开了草地，选择了一棵高大的大树作为过夜的场所，今晚它们家肯定能安然入睡了。

每一次想起"保姆"的这次生病和回归，我都会心潮澎湃，"细毛"和"豆芽鼻"的拥抱和亲吻深深地印刻在了我的脑海中，我惊诧于滇金丝猴的母猴之间有如此丰富和细腻的感情，它们的"姐妹之情"是如此的深厚。拥抱和亲吻这些动作，我一直以为是我们人类的专利，是我们人类表达感情的方式，没想到在滇金丝猴的世界中，它们同样是用拥抱和亲吻的方式来表达感情，我们太低估了同为灵长类的滇金丝猴，我们对它们的感情世界知道的仍然不多。

团圆的"大个子"家庭

伟大的母爱

　　雌性的伟大在于它的母爱，这是自然生命最闪光的亮点。滇金丝猴的母猴们，一个在雪线附近生存的雌性群体，身上洋溢着的母爱一点也不比其他的动物少，它们是怎样体现母爱的呢？

　　2010年的秋天，寒风开始光临响古箐，树叶一天比一天黄，生命开始在收敛生长的速度，响古箐的滇金丝猴们也在准备迎接冬天了。这天，猴群在一片向阳的山坡上取食，阳光、黄叶和灵猴，我被眼前的景象迷住了。猴群们有些在树上取食果实和树叶，有些则在地面活动，突然在地面活动的猴子一片惊慌，纷纷跳到树上。我诧异地观察，发现草丛中有一团黑压压的小马蜂在盘旋，原来是猴子们将草丛中的马蜂窝弄翻了，激怒了马蜂，马蜂对猴子发动了攻击。在恢复平静后，我发现母猴"白玉顶"脸部肿胀并且发黄，精神萎靡不振，是被马蜂叮的。

　　滇金丝猴在野外除了要面对大型肉食动物的捕杀，还要面对这些蚊虫蛇蝎等小型动物的威胁。"白玉顶"的状况越来越差，到了下午，它停止了采食，坐在一棵树上一动不动。它还有一只八九个月大的婴猴，没有了妈妈的照顾，整个下午婴猴都在和同伴玩耍，"阿姨"们也尽力在照顾它，倒也平安无事。时间到了傍晚，我牵挂"白玉顶"的安全，没有回去，仍留在猴群的附近。我看见其他的猴子都上树准备过夜了，滇金丝猴过夜都在树上，这样有利于防备天敌的袭击。"白玉顶"在一棵大树的半中央坐着，这时候，蜂毒在它的身上反应更强烈了，它的脸肿胀得厉害，它看起来很痛苦，它的身边没有婴猴，小不点去哪儿了呢？这时候我听见附近有小猴的叫声，仔细寻找，原来是"白玉顶"的

被马蜂攻击的"白玉顶"

婴猴在大树下，其余的猴子都上树了，它落在了猴群的后面。

婴猴准备爬上树回到妈妈的身边，它努力往上爬，可是那棵树太粗太高了，婴猴尝试了几次都没能爬上去，白天妈妈不能照顾它，它可能饿了，身上明显没有力气。婴猴急得在树下叫唤，晚上如果不能回到妈妈的身边，它会冻死的。我也急了，我在想怎样才能帮助它回到妈妈的身边呢？这时候，有个黑影往树下移动而来，是"白玉顶"，它步履蹒跚地下树来到婴猴的身边，然后抱起了婴猴，婴猴在它怀里快速地吮吸乳汁。"白玉顶"稍做停留后，开始带着婴猴上树。在平时，爬上这棵大树对"白玉顶"不是什么困难的事情，可是今天不同了，它被马蜂叮咬后身体状况非常差，尝试爬了几次，都没能爬上树去，真是急人啊！"白玉顶"坐在树下休息了一会儿，接着再往上爬。这一次它爬上去了几步，在中途几乎掉下来，还好它用锋利的爪子死死抠住了坚硬的树皮，又往上爬了几步。距离最近的树枝只有两三米了，只要爬到树枝上，它就可以休息一下。"白玉顶"表现出了顽强的意志，它蹒跚着摇摇晃晃地一直爬到了那树枝上。

天越来越黑，在朦朦胧胧的夜色中，一只受伤的母猴怀抱婴猴，努力往上爬，只想给婴猴一个安全的港湾。天完全黑了下来，我已经看不见猴子们的身影了，只是隐隐约约觉得它们母子回到了家庭中，我悬着的心才落下了，我快速离开了树林。第二天，"白玉顶"的情况有所好转，婴猴在它的庇护下也成功度过了寒冷的夜晚。

滇金丝猴母子之间的情感是令人感动的，母猴"白玉顶"在自己受伤十分痛苦的情况下，也未曾放弃自己的孩子。如果孩子死亡了呢？它们又有怎样的表现呢？

2010年初春，一切都在苏醒，许多滇金丝猴的小生命也纷纷降临在这个世上，公猴"双疤"和母猴"记号"的爱情结晶也诞生了，它们在为小生命的成长忙碌着。可是小生命长到一个多月后就夭折了，原因不详。

4月3日，母猴"记号"怀抱着夭折的婴猴跟随猴群迁移和取食，我以为它会表现出极大的悲伤，但没有，它在给死婴猴理毛，而且理毛程序一点不少，遍及全身，和在给活婴猴理毛一模一样，从它专注的神情中看不出悲伤。我发现，它根本没有意识到手中的婴猴已经死亡，难道滇金丝猴没有死亡的概念？

后来几天，"记号"一直把死婴猴带在身边，有空就给死婴猴理

夜幕下的猴群

母猴给死婴猴理毛

毛，其他的家庭成员也是怀抱着死婴猴给它理毛。死婴猴开始腐烂，最后剩下一张皮，无法再拿起它，猴妈妈才罢休。我在文献中读到过川金丝猴有携带死婴猴的现象，没想到在滇金丝猴中也存在这种现象，这是我第一次看见滇金丝猴的母猴携带死婴猴。这样的现象不是仅仅出现在"记号"这只母猴的身上，在以后的几年中，有几只婴猴夭折了，母猴也是抱着它们，直至腐烂消失。

在死婴事件中，有一件事情让我非常难忘，我甚至一度成了"受害者"。那是2012年3月，"一点红"与"白鼻"的婴猴不幸夭折，"白鼻"整天抱着死婴猴不离不弃。有一天，我发现"白鼻"有一会儿大意了，它将死婴猴放在了地面上，自己则离开取食去了，其他的家庭成员也没有来照料。我觉得我应该将死婴猴拿走，因为死婴猴开始腐烂了，会滋生和传播病菌，影响猴群的健康。我悄悄靠近死婴猴，迅速将死婴猴塞进了提前准备好的袋子中。

我正暗自庆幸猴子们没有发现我的行动，突然感觉到脑门后有一股凉风掠过，随后我的迷彩帽飞到了3米之外，我迅速转身张望，一只凶神恶煞的大公猴挂在我身后的树上不断向我龇牙咧嘴，是死婴猴的父亲"一点红"。原来在我将死婴猴塞进袋子的时候，被"一点红"发现了，它迅速从树上飞奔过来，向我发动了攻击。它伸出大爪子拍向了我的脑袋，还好我当时正好低下头，所以只是将我的帽子拍飞了，否则锋利的爪子拍在我的脑袋上，后果不堪设想。"一点红"的动作惊动了其他家庭成员，它们向我围拢过来，准备围攻我，它们个个愤怒异常，尤其是"白鼻"更是对我叫个不停，恨不能将我大卸八块，我赶紧在树丛的掩护下，拿着装死婴猴的袋子逃离了现场。

我们之间从此"结了仇"，从那以后，"一点红"和它的母猴们看见我就像看到仇人一样，对着我叫个不停，甚至会龇牙咧嘴地威胁我，尤其见不得我的那顶迷彩帽。它们没有认识到婴猴已经死亡，却将婴猴的消失归结到我和那顶倒霉的迷彩帽上，它们认为是我夺走了婴猴，我成了被冤枉的"受害者"。

在滇金丝猴的世界中，母猴的伟大不用赘述，它们用自己并不高大的身躯遮风挡雨，成功将幼小的生命抚育长大，没有母猴的付出，滇金丝猴这个物种就不存在。甚至在子女夭折后，母爱的力量依然是那么的磅礴，也许，在它们的意识里，生命是永恒的，是没有痛苦和死亡的。

伟大的母爱

小　结

　　人类社会中，很长一段时期，是男权社会，男尊女卑是主流意识。在近现代社会，女性地位才得到急速提高，人类在向男女平等的方向发展。这不得不说是人类的一大进步。

　　滇金丝猴肯定没有"男权"和"女权"的概念，它们本能地知道不同的性别在社会中应该承担什么样的责任。在滇金丝猴的社会中，性别分工是十分明确的，最基本的分工是公猴负责保卫家庭，母猴负责抚育后代，它们以此作为行事的准则，而不是争夺所谓的"男权"和"女权"。

　　人类和滇金丝猴的"后宫"，都是"一夫多妻"婚配制度的产物，形式上大致相同，这让我可以将"后宫"的概念用在滇金丝猴身上。但细细看来，滇金丝猴"后宫"与人类帝王的"后宫"有着很大的区别，人类的"后宫"在无尽的贪欲支配下，充满了恶性竞争。滇金丝猴的"后宫"同样存在竞争，但动物的贪欲明显不如人类，它们的竞争最主要是为了繁殖后代。滇金丝猴的"后宫"更多的是团结、合作、互助、亲情，"后宫"的雌性间是其乐融融的。滇金丝猴的"后宫"制度，本质是为了物种的繁衍；人类帝王的"后宫"，本质是为了满足权力欲和贪欲。两种"后宫"在本质上相去甚远，就如同两者的外貌一样，同为灵长类，却始终无法画上等号。

　　在这几年中，我看见了很多公猴在打斗中死亡，它们的死亡会引起我们的关注，它们英勇战斗的故事会久久地传播，我们的笔下有了许多的"英雄猴""明星猴"。这几年，有很多的母猴也消失在了我们的视线中，它们也走完了生命历程，它们的死亡却是悄无声息的，许多年后我们甚至记不住它们的名字了，它们没有在轰轰烈烈的战斗中死亡，它们是在劳累中耗尽了生命。响古箐滇金丝猴群中的"女性"们，在严酷的环境中，不仅要适应瞬息万变的大自然，还需要"相夫教子"，它们是滇金丝猴群中最辛苦、最忙碌、最美丽的群体，尤其是它们对于后代的投入是公猴无法比拟的。"春蚕到死丝方尽，蜡炬成灰泪始干"就是它们一生的写照。对于它们来说生命是短暂的，但贡献是无限的。

滇金丝猴和谐的"后宫"

04

光棍俱乐部

滇金丝猴的"后宫"　　　王者传奇　　　童年的生活

引言

在滇金丝猴的世界里，有一个特殊的群体，它们游离在家庭单元以外，这个群体的成员全部是雄性，我们称之为"全雄单元"，是名副其实的"光棍俱乐部"。全雄单元的雄性没有家庭和交配权，它们由两种类型的雄性组成，一种是在主雄替代中被替换的公猴，它们失去了母猴和交配权，被驱离出家庭单元，年龄上正值壮年或老年，属于在繁殖争斗中被淘汰的类型。另一种是离开家庭单元还没有取得家庭和交配权的公猴，年龄上正值少年或青壮年，属于在繁殖争斗中还没有上位的类型。

在传统的认识中，全雄单元可能是猴群中最不被重视的一个群体，它们无妻无儿，无牵无挂，整天无所事事。在最早的一些认识中将它们塑造成了保卫猴群的"哨兵"和"武士"，以及猴群迁移的"领路者"，当然，这些认识是不全面的。全雄单元这个"光棍俱乐部"有怎样的生活，它们之间有怎样的恩怨情仇，它们在猴群中起到什么样的作用，它们是如何进行上位斗争成为主雄的，它们之间的内部关系如何，这些问题是我关注的焦点。我记录了响古箐猴群中全雄单元的生活，记录了它们真实的故事，让我们一同走进"光棍俱乐部"吧。

午休的全雄单元

初识全雄

记得我初次接触滇金丝猴时，听说滇金丝猴社会中有一个光棍群体，全部是由公猴组成的，当时我对灵长类的社会还不是很了解，心里想怎么可能呢？怎么会有如此奇怪的群体呢？在野外观察猴群的时候，由于树林茂密，看不到猴群的全貌，所以在野外跟踪了3个月猴群，我都没有观察到过全雄单元，所以我不相信有全雄单元这一说法。直到有一天，猴群经过一片森林中的小草地，我看清了猴群的全貌，才相信了在滇金丝猴社会中有全雄单元这么一个群体。

2007年8月25日，我和两个护林员在跟踪响古箐猴群，猴群在一片海拔3600米左右的冷杉林中取食，我们在猴群附近200米左右的地方。响古箐的猴群由于常年和上山的村民遭遇，村民不伤害它们，所以它们不怎么惧怕人。后来有研究者、拍摄者上山跟踪猴群，猴群就更不怕人了，所以我们可以在100～200米的距离跟踪猴群，猴群也不会逃离。

时间快接近中午了，在中午猴群有一个休息的时段。午休的场所就在森林中，猴群会找一片树木高大通直的树林，然后每个家庭占领一棵树进行休息。猴群边迁移边取食，来到一片小草地边，草地长宽在50米左右，是一块镶嵌在森林中的亚高山草甸。我判断猴群不会穿过草地，因为猴群出于安全很少穿越草地，会从草地两边的树林中绕过草地。但今天我们3个人在草地下方，草地的上方有一群牛，牛还挂了铃铛，铃铛响个不停。一边是人一边是牛，将猴群两边的路挡住了，它们只有小草地一条路可以选择。草地对面的森林面积大，树木高大通直，是个午休的好场所，猴群急于午休，所以准备穿越草地了。

这是一个千载难逢的好机会，可以好好看看猴群的全貌了。我就悄悄躲在草地下方的灌木丛中，两个护林员在远处。猴群中走在最前面的几个家庭下树来到地面上，探头探脑地张望，试探有没有危险。在发觉没有危险之后，猴群开始过草地了。刚开始猴群还比较谨慎，沿着一条路线行走，后来猴子越来越多，越来越拥挤，就开始分成2条、3条、4条路线，到最后猴群也没有固定的路线了，开始以家庭为单元成群结队地行走。好大一会儿了，我还是没有看见全雄单元，在这焦急地等待中，一个没有母猴和小猴的群体向草地走去了。哦！这就是全雄单元了，它们几乎是走在猴群的最后了，有40～50只的样子，有膘肥体壮的大公猴，也有顽皮可爱的小公猴。我赶紧用傻瓜数码相机拍了一些照片，相机像素很低，还好我隐蔽的地方距离猴群近，照片还算清楚。

这就是我第一次邂逅全雄单元，后来我回想这件事情，觉得当时是非常幸运的，因为我后来在追踪猴群中发现，白马雪山南部的猴群很少穿越草甸，尤其是几百亩（亩为非法定单位，1亩≈666.7平方米，全书特此说明）以上的大面积草甸。草甸没有躲避危险的树木，将使猴群全部暴露给天敌，猴群死亡的概率会增加，同时草甸中食物稀少，所以猴群不会贸然到草甸、流石滩等无林地带。那天恰好碰上了一块面积不大，周围还有树木的草地，这样的环境危险较小，所以猴群才决定穿越草地，让我看清了猴群的全貌和传说中的全雄单元。

这一次观察也让我对全雄单元是"领路者"和"带路人"的说法产生了怀疑，我发现全雄单元并没有走在猴群的最前面，是在猴群的后面。即使在猴群试探过草地时，也是家庭单元的猴子在试探，它们根本没有起到领路的作用，以后的观察更加深了我对这个问题的认识。我发现，滇金丝猴在野外的行动基本上是根据食物、水源、隐蔽场所的分布，以及天气和人为因素的干扰临时起意的行为，不是有规划、有组织、有领路者的迁移，有点像草原上的牧民"逐水草而居"的意味。这也不能说前人的知识是错误的，前人的观察条件有限导致了认识的不全面，随着观察条件的改善，我们对滇金丝猴的了解也将越来越深入。

全雄的成长

　　全雄单元这个特殊的群体是如何成长的呢？每一只滇金丝猴小公猴都有一个相似的成长过程。它们先是在父母身边度过童年时光，然后离开家庭，进入"光棍俱乐部"，在全雄单元中度过青少年时光。在这里它们将锻炼和蛰伏几年，等待自己足够强大后，机会来临时它们将会进行上位大战，抢几只母猴组成家庭，成为主雄，这样一生也算功德圆满了。事实上有些个体始终无法抢夺到母猴，一辈子都不能组成家庭和成为主雄，郁郁终身。

　　它们的成长不会是一帆风顺的，滇金丝猴生活在高海拔的森林中，森林中不仅环境恶劣，而且杀机四伏。这种杀机来源于外来的天敌，也来源于猴群中高等级的公猴，高等级公猴会视每一只成长起来的小公猴为自己或儿子的竞争对手，会想方设法驱赶、制服甚至杀死它们。所以保证自身安全成了小公猴从小就要面对的事情，早点去全雄单元这个"社会大学"历练也好。我把公猴们在全雄单元的生活称之为"社会大学"，是因为全雄单元结构松散，来去自由，就像一个成分复杂的社会。同时，全雄单元是公猴们尤其是小公猴成长的摇篮，像一个学习生存技能的场所，不是说"社会是最好的大学"吗？那就以"社会大学"来称呼这段时光吧。

"社会大学"

　　小公猴们进入"社会大学"的时间比我们想象的要早，它们在2～3岁时就要离开原生家庭，这个年龄是它们的童年阶段。有些时候我看见大公猴驱赶它们离开家庭，有些时候却没有，它们在毫无征兆的情况下就会离开家庭。有时候它们离家的过程很长，当你发现它已经在全雄单元中了，冷不丁它又会回到家庭单元中，这样反反复复一段时间，最后才在全雄单元中稳定下来。不管是以什么样的方式离开家庭，早点离开家庭，有利于小公猴的成长，"穷人家的孩子早当家"嘛，再者，社会是最好的大学，早点知道社会的冷暖和凶险，也才能早点成为一只合格的公猴。

　　在"社会大学"里小公猴们要学会生存技能和掌握社会规则。生存技能是为了活下去，它们从小就要熟悉和掌握这些技能。首先是认识和寻找食物，把肚子填饱。这个很简单，看身边的同伴吃什么就可以了，在家庭中的时候，它们就向父母、哥哥姐姐等学习了很多滇金丝猴的食谱，只要记住这些食谱，不要乱吃不认识的植物就不会中毒了。其次是要锻炼好身手，这是在森林中生活最基本的技能。就是要能跑、能爬、能跳，就算是在树上也要做到如履平地。最后是要能够识别和躲避危险，保证自身的安全。森林中险象环生，步步惊心，小公猴们要知道什么是危险的，会危及自己的生命，并且要做出迅速的反应，快速逃开，保住小命比什么都重要。

　　滇金丝猴的社会是一个"江湖"，既然是"江湖"就有"江湖规矩"，违反了"江湖规矩"受害的只能是自己，小公猴们的任务就是要

寻找食物

练习打斗

逐渐熟悉滇金丝猴社会的规则。滇金丝猴是社会等级很森严的动物，这是维持滇金丝猴社会秩序的重要因素，"没有规矩不成方圆"嘛。雄性的等级序位尤为重要，它不仅决定自身的地位，也决定了自己家庭在整个群体中的地位。

小公猴首先会在全雄单元中确定自己的等级，这种等级的确定来自几个方面，一是根据年龄和体形确定，年龄和体形大的等级高，低等级的会屈服于高等级；二是在玩耍中确定，如果年龄和体形相近，在玩耍中通过打闹、摔跤、追逐等方式，角逐出力量和打斗技巧的高下，力量大和技巧好的一般等级较高；全雄单元中年老的公猴和亚成体公猴的等级则通过打斗来确定。等级序位确定后通常通过屈服—同性爬跨的方式表现，具体的行为模式为：低等级的个体和高等级的个体相遇，低等级的个体会收紧四肢趴俯在地面表示臣服，高等级的个体则会以同性爬跨的方式表示接受臣服。通过这种仪式后，公猴之间没有必要每一次见面都要打斗一番分出胜负，既节约了能量又避免了受伤。

通过这些方式，全雄单元中的公猴们先在内部有一个等级的排序，甚至会出现一个"老大"。不要小看这种排序，这种排序首先在生存竞争中体现出优势，高等级的个体在取食和饮水时总是占得先机，它们会轰走已经在取食和饮水的低等级公猴，或是直接从低等级公猴手中抢夺食物，休息场所也是低等级让着高等级。这种排序更大的优势体现在繁殖竞争中，滇金丝猴"一雄多雌"为基础的社会结构导致猴群中的母猴资源非常紧张，主雄才能占有母猴资源，全雄单元是一群蛰伏的繁殖梯队，全雄单元的个体要想从繁殖梯队中脱颖而出，抢得母猴组建家庭，就需要向家庭主雄发起挑战，挑战者往往是全雄单元中等级序位最高的

屈服

同性爬跨

个体，也就是全雄中的"老大"，低等级的个体很少会越权发起抢夺家庭的挑战。其实没有经过做"老大"的历练，它们也不具备挑战的实力，等级序位是以实力来决定的。

在充满武力和争斗的滇金丝猴社会中，由等级序位维持的社会秩序和规则使猴群能够以相对平静的状态存在，有时这样的平静会短暂地打破，但很快会恢复。全雄单元中的小公猴们按照规则行事，自己就会平安无事，如果敢越雷池一步，就可能面临惩罚、受伤甚至死亡。在"社会大学"中，小公猴学会了取食、玩乐、奔跑、跳跃等技能，具备了雄性滇金丝猴的"形"，最主要的是它们知道了自己的使命，知道了社会规则，具备了雄性滇金丝猴的"质"，为它们的生命征程打下了坚实的基础。

被簇拥的"老大"

父子同台

在了解了全雄单元的成长过程和基本社会规则后，现在我们将焦点回到"大个子"家庭，因为我有幸目睹了"大个子"家庭中的公猴"春光"从"牙牙学语"到"懵懂少年"再到"成家立业"的全过程，"春光"完整地给我们展示了小公猴是如何成长的。

"春光"是一只出生于2011年春天的小公猴，它是"大个子"众多子嗣中的一员。在"大个子"无限风光成为猴群的"王者"时，"春光"处于婴儿期和少年期，在"大个子"的庇护下快乐地成长。"春光"体形上秉承了"大个子"的高大威猛，在家庭的子嗣中，它是年龄最长的公猴，其他的小公猴和小母猴都服从它，跟着它四处调皮捣蛋，"春光"俨然是一个小国王。

2015年的夏天，春光也有4岁多了。有一天，我来到树林中观察猴群，我刚到猴群边还没有选定观察位置，就看见树丛中有一只大公猴在追逐一只小公猴。大公猴把小公猴从上向下追赶了几十米，在小公猴仓皇逃跑后，才返回了家庭中。我观察到，发威的大公猴是"大个子"，我想知道被追赶的小公猴是哪一只，用望远镜盯着它看，奇怪的是它又慢慢朝"大个子"的家庭靠拢，难道它不怕"大个子"吗？在距离靠近后我看清楚了，小公猴是"春光"。在"春光"慢慢长大之后，"大个子"已经不能容忍"春光"继续留在家庭中了，它通过对"春光"进行惩戒或是赤裸裸地驱赶，让它离开家庭到全雄单元中去。但这种驱赶不会马上看见效果，对于小公猴们来说，家庭中有自己的父母，以及有血缘关系的哥哥

姐姐。在家庭势力的庇护下，它们不愁吃喝，安全得到保障，离开家庭就意味着要面对独立生存的局面。

　　这次的驱赶事件是我第一次看见"大个子"对"春光"动粗，后来我断断续续看见"大个子"驱赶"春光"。"春光"的恋家情结也太重了，它一直没有彻底离开家庭，有时会和全雄单元中的同伴在一起，但过不了多久，它又回到了家庭中。家庭中除了"大个子"对它态度恶劣，其他的成员都接纳它，尤其是三个弟弟——"二甲""五甲"和"五乙"对于"春光"的回家表现得十分兴奋，"春光"哥哥回来了，它们哥几个又可以尽情地打闹了。

2012 年的"大个子"和"春光"

驱赶

　　直到2017年左右，"春光"才长期停留在全雄单元中，没有再回家，这时的"春光"已经6岁左右了，是到了在猴群中崭露头角的年龄了。"春光"是幸运的，在公猴"兴盛""裂鼻"和"米粒"成功上位得到家庭后，当时全雄单元中的公猴是老的老小的小，没有处于壮年阶段的公猴。老的是"白脸"这个游弋在猴群中的"老江湖"，此时的它好像没有篡位夺权的意图。2018年春天，从其他猴群中还来了一只大公猴，也加入到了全雄单元中，但我看这只公猴掀不起什么大浪。这只公猴从容貌上看是一只老年猴子了，它的鼻头还吊在一边，像是打斗受伤所致，最主要的是这只公猴看见人和其他猴时，会匆匆躲到一边去，全然没有傲视一切的威武和霸气。它因鼻而名，我们叫它"豁鼻"。猴群中小的是2012年出生的"二甲""二乙""二戊"，和2014年出生的"四乙"，都是一些还没有成气候的"小屁孩"，其中"二甲"是"春光"的亲弟弟。

　　"春光"正值壮年，自然成了此时全雄单元中实力最强的公猴，它会给我们惊喜吗？没想到它的故事会和我们最熟悉和最敬佩的公猴"断手"交织在一起。

2018年4月23日傍晚，天色微暗。一场大战在一片高大的曼青冈树林中展开，"春光"向"断手"发起了攻击。在树上打斗"断手"有天然的缺陷，最后"断手"不幸从树上摔下来，坠地身亡了，结束了它传奇的一生。"春光"把"断手"的妻儿全部掳掠到了自己的身边，成功上位成为主雄。当时我有事没在现场，是事后听巡护员给我们讲述的。巡护员还说，"春光"的父亲"大个子"也加入了打斗，帮助"春光"一起攻击"断手"，如果真是这样的话事情就更富有故事性了。

到现在为止，"大个子"和"春光"这对父子都是主雄了，各自都有母猴和家庭，实现了"父子同台"，这是我以前从来没有看见过的景象。当然这种"同台"，不是要演出什么文娱节目，它们的节目很单纯，就是照顾好自己的母猴和小猴，然后生育更多的小猴，做一名优秀的公猴。"春光"在我们的注视下"野鸡变凤凰"，它能够传承"大个子"的衣钵，进一步蜕变成一代"王者"吗？

2018 年的"大个子"和"春光"

联盟行为

　　全雄作为主雄的替补梯队，对于取得主雄地位是前仆后继，趋之若鹜。它们有时也不是单打独斗，会有多个个体参与到争斗中。两个以上公猴结成同盟共同对抗对手的现象，我们称之为"联盟行为"，联盟行为在家庭替代过程中起到了很关键的作用。在"王者传奇"篇章中讲述的"三英战吕布""岁末大战"就是其中的代表。

　　通常的联盟行为是全雄单元中的"老大"发起挑战时会有些"跟班"，这些"跟班"是全雄单元中实力排在第二三位的个体，它们有些是装腔作势，为"老大"撑场面，有些则是真打实干，为"老大"冲锋陷阵，所以在一些家庭替代事件中会出现"以一敌多"的现象。这些帮助难道是在发扬无私助人的精神吗？其实不是，它们仍然是在为自己打算，这种行为从深层次上来讲依然是"利己行为"。其一，它们可能在这场混战中受益，如果主雄和"老大"在打斗中受伤了甚至死亡了，它们可以坐收渔翁之利。其二，如果"老大"成功了，按照实力排序，就轮到它们做"老大"了，不久它们自己也可以发起抢夺家庭的挑战了，可以早点成家完成生儿育女的大业，何乐而不为呢？

　　在响古箐的猴群中我记录到了多次联盟行为，联盟行为成了全雄单元生活中的一部分，贯穿在了很多事件中。从中我们可以感受到滇金丝猴是一种很有智慧的灵长类，它们懂得团结和合作并从中受益，它们的投入有时回报得很快，有时回报得慢，但总是有回报的，它们对于回报的耐心也让我震惊。人类能够从世间万物中脱颖而出，发展到今天的水平，协作是我们战胜自然和敌人的有力武器，在灵长类的很多物种中我们也看到了协作的影子，人与猴的差距从思维和行为上来讲似乎没有外貌那么大。

联盟

161

"白脸"传奇

　　说到全雄单元中的猴子们，我们不得不提到一只公猴，它就是"白脸"。在前面的故事中我们讲述了它的一些故事，但我觉得应该给它专门写一段，这是一只很特别的公猴。现在，它是一只老公猴了，它的经历是全雄生活的代表，它跌宕起伏的一生是公猴们一生的缩影。

　　2008年我开始观察猴群的时候，"白脸"就在全雄单元中了，它应该是在响古箐猴群中土生土长的。后来它成为全雄单元中当时实力最强的公猴，有实力就有回报。2011年春节期间，我回家过春节去了，收假回来后，发现猴群中发生了变化，有个家庭的主雄被替代了。仔细观察后发现，是全雄单元中的"白脸"抢夺了"单疤"家庭的母猴。"白脸"带领着一众母猴意气风发，"单疤"则黯然退到了全雄单元中，后来有一段时间不知去向。

　　这是"白脸"第一次当上主雄，它有"小白""小青"和"小皱"3只成年母猴，2只亚成年母猴"白眉"和"月牙"，以及1只幼猴。对于"白脸"这位新家长来说，一切从零开始，它要做好家长，并不断提升家庭在猴群中的地位。"白脸"也做得有模有样，它是一只称职的公猴和主雄。

　　时光来到2012年1月，那年的雪特别大，海拔3000米的森林中，积雪近半米深了，猴群面临着一个严酷难熬

2009 年单身的"白脸"

的冬天。早上我来到猴群所在的树林中观察，在雪地上我发现了一些血迹，是有猴子受伤了吗？我用望远镜观察树上的猴子，很多猴子还在抱团睡觉，在寒冷的冬天早晨，对于猴群来说抱团取暖是最惬意的事情。一番搜索后，我看见在猴群的边缘有一只公猴坐在树枝上，用嘴在舔舐手臂上的伤口，我认出它是"白脸"。它不仅左手臂受伤了，右脚跟也有一道伤口，整个脚跟都分成两半了。在不远处的树枝上还有两只公猴，对"白脸"虎视眈眈，其中一只公猴右手掌也受伤了，伤口足足有七八厘米长。雪地上的血迹就是它们留下的，情况非常惨烈，肯定是发生了抢夺家庭的打斗，平时的打斗点到为止，不会出现这么严重的伤势。

在我观察它们伤口的期间，还没来得及辨别出另两只公猴是谁，3只公猴又开始打斗了，它们在树上追逐、跳跃、撕咬、吼叫，树上的积雪纷纷往下掉落，飞雪弥漫，整个树林被它们搅得乌烟瘴气。半个小时之后它们才罢手，树林才安静下来。我赶紧确认那两只公猴的身份，认出右手受伤的是"单疤"，另外一只没有受伤的，是全雄单元中的"直指"，是它俩在联合攻击"白脸"。事情就这么巧，在2011年初，"白脸"就是从"单疤"手中抢夺母猴建立了家庭。后来"单疤"就不知去向，半年后才回到猴群中。时间过了一年，"单疤"是来报"夺妻之仇"吗？

打斗的局势在渐渐明朗，由于"白脸"和"单疤"受伤，而"直

雪地上的血迹　　　　　　　　　　　　"白脸"的伤口

指"实力本身较弱，没有占绝对优势的一方，三方势均力敌，处于对峙状态，在你来我往中保持平衡。到了1月5日，"白脸"家庭一分为三，"单疤"带走了1只成年母猴和1只幼猴，"直指"带走了1只亚成年母猴，"白脸"留下了2只成年母猴、1只亚成年母猴和1只幼猴。

到了2011年2月10日，"单疤"可能是失去了耐心，或是再受重创，又离开了猴群不知去向，它带领的成年母猴和幼猴转移到了"直指"这边。又过了10天，"白脸"和"直指"进行了终极对决，谁获胜将获得全部的母猴和小猴。在一对一时，"白脸"的实力还是更胜一筹，"直指"的眉部受伤，落荒而逃，"白脸"的右眼角也是鲜血直流。"白脸"重新把失去的母猴和小猴全部抢夺了回来。就这样，"白脸"渡过了"第一次危机"。

"白脸"注定命运多舛，"第一次危机"的伤口还没有愈合，"第二次危机"又开始向它袭来。

2012年3月底，天气逐渐回暖，猴群周围弥漫着一股神秘气氛，原来是一群不速之客造访响古箐山谷了。那天，猴群在阁之米下方的沟里，从上方的森林中下来3只大公猴，它们是从其他的野外猴群中游荡到响古箐的。其中，有两只公猴特征十分明显，一只满脸通红，形如喝了酒的醉汉，我叫它"红脸"；一只公猴右手前臂残缺，我叫它"断手"，就是前文讲到过的大名鼎鼎的"断手"，这是它第一次来到响古箐展示猴群。未来几年响古箐猴群中响当当的主角"红脸"和"断手"，就这样

"复仇"的"单疤"

两败俱伤的"白脸"和"直指"

在2012年这个春暖花开的季节结伴来到了响古箐的山谷中，在这里留下了许多故事，尤其是"断手"，在响古箐书写了一段传奇。

　　这3只公猴并没有马上进入猴群中，它们在猴群的周围游荡。过了四五天它们尝试着入群，在猴群中溜了一圈后又出群了，以后几天，它们一直在猴群附近逗留。2012年4月底的一个傍晚，猴群夜宿的地点距离救护站很近，站在救护站里面就可以看见猴子在树上的身影。在夜幕笼罩下，一场打斗在猴群夜宿的树林中展开了，看不清打斗的双方，只能

初到响古箐的"红脸"

听见公猴的吼叫声和树枝的断落声从树林中传出来。我听着不断传来的声音，脑子中在想，哪一只公猴又将在争斗中败下阵来呢？

第二天，我迫不及待地想知道昨晚打斗的双方，便来到了猴群旁边，发现"白脸"家庭又被一分为二。外来的公猴"红脸"抢夺了"白脸"家庭的部分成员。由于在傍晚打斗，我没有看见"红脸"的两个朋友是否当了它的帮凶。

在以后的一周内，"白脸"的母猴和小猴可能是不情愿被分开，走得很近，两只公猴"白脸"和"红脸"也只能跟在后面，距离太近时就开始相互威胁和打斗，真是一会儿"红脸"一会儿"白脸"，你方唱罢我登台。"红脸"的关公，"白脸"的曹操，两只我们以外貌起名的公猴，完美地契合了三国戏曲中的主角。

"白脸"的"第二次危机"让它失去了成年母猴"小皱"、亚成年母猴"白眉"和幼猴"零壬"，这3只猴跟随了"红脸"。在2012年5月，"红脸"还收获了从其他家庭来的2只青少年猴，开始了自己的幸福

得手后的"红脸"与母猴

生活。可是好景不长，猴群中有一只年轻的公猴"队长"也在同一时期上位成功组建了家庭，"红脸"和"队长"陷入了势力扩张的纷争中，双方都想将对方的母猴抢过来，最后以"红脸"的失败收场，"红脸"离开了猴群不知去向。直到2012年8月，它又短暂出现在了响古箐。"白脸"从中渔利，"小皱"和"白眉"在"红脸"败走后回到了它的身边。在2012年，"白脸"还收获了爱情的果实，它的母猴"小青"诞下了一只婴猴，它正式成为了父亲。好运似乎在向它招手。

但这些只是假象，"白脸"的不幸刚刚开始。

2012年的冬天是一个极其难熬的寒冬，这个冬天寒风肆虐，大雪齐腰，森林中一片凋零，野外的食物十分短缺。"白脸"的家庭成员大多数都是抵抗力较弱的老母猴和小猴，在寒冬面前，母猴和小猴有的生病，有的离群，有的死亡。公猴"断手"还经常对它的家庭进行骚扰，"白脸"在努力维护家庭的完整，但在多重因素的打击下，它的家庭分崩离析了。

　　时光来到2013年春天，"白脸"的身边只剩下"白眉"一只亚成年母猴了，全雄中的公猴对它们的骚扰还在继续，不仅是"断手"，从外面来的两只流浪公猴也频繁对"白脸"进行攻击，"白眉"在这样的打斗和纷争中，右眼受伤了。到了3月中旬，"白脸"可能是厌倦了这样的生活，在"白眉"还愿意主动跟随它的情况下，抛弃了"白眉"，离开了猴群。

　　长达一个月的时间，"白脸"像是从人间蒸发了一样，一直没露面。我们不知道它去了哪里。去游山玩水了？去面壁思过了？去另外的猴群中寻找机会去了？无人知晓。

　　2013年4月中旬，"白脸"才回到猴群中，它的回归没有引起猴群的慌乱，猴群可能知道它迟早会回来的。"白脸"回到猴群中后，已经没有母猴和小猴了，它是一只无家可归的公猴，它知道自己的归宿，它来到全雄单元中，开始了全新的生活。

　　我想象中"白脸"的新生活应该是这样的：一是老老实实地待在全

雄单元中度过余生，二是如果有机会的话抢夺母猴东山再起。才几个月，"白脸"对新生活的选择就偏离了我们预想的轨迹，当我们还在谈论"白脸"回归的事情时，它又悄然离开了猴群。在9月份时，它再次回到猴群里面，但是行色匆匆毫无留恋的感觉，没几天又消失了，去到响古箐更远更深的森林中去了。时间来到了2013年冬天，我们也没有看到"白脸"回归。

2014年1月初的一天，猴群的平静被一只外来的公猴打破了，这只公猴在猴群中打斗。在打斗结束后，我去确认是什么样的一只公猴在捣乱。原来是老朋友回来了，外来的公猴是"白脸"，也不知它和谁打了一架，下嘴唇受伤了，鲜血直流。它是回来重振雄风来了，但现实是残酷的，任何一只主雄都不会轻易让出自己家长的位置，"白脸"四处碰壁。一个星期后，"白脸"又消失了。

2014年8月底的一天中午，猴群中一阵混乱，有两只外来的公猴在猴群中横冲直撞，猴群无法安然午休。在平静之后我看清楚了这两个家伙，是"白脸"和"裂鼻"回来了。下午我仔细端详了"白脸"，发现它比以前肥多了，自由自在的生活使它心宽体胖了，但它也挡不住岁月的脚步，它的胸腹部毛色在变黑，这是公猴衰老的标志之一。

后来的故事是"王者传奇"中所讲到的，在"白脸"的掺和下，"红点"从"断手"家庭中抢夺了母猴和小猴，开始走上了"王者之路"。"白脸"在成人之美后一无所获，在9月初与"裂鼻"一起离开了猴群。

一个月后，"白脸"和其他猴群中的两只公猴又回到了猴群边上，在一番尝试后进入了猴群。在10月中旬，"白脸"又开始兴风作浪了，这一回，它把目标对准了它的老冤家"单疤"和"红脸"，与这两只公猴进行了打斗，其间还导致当时在"单疤"家庭的母猴"小黑"离开了家庭，"红脸"头部受伤。但"白脸"的实力已经大不如前，最后它被赶出了猴群，"小黑"也回到"单疤"家庭中。

2014 年的"白脸"

"白脸"在2015年2月底再次回到了猴群中，一同回来的还有"裂鼻"，这次回归对于"白脸"来说是很平常的一次回归，它在这几年中有太多次的"回归"和"出走"了。"裂鼻"则在这次回归中抓住机会上了位，从"单疤"家庭中抢夺了"白玉顶"和小猴组建了家庭，成功"脱单"。"裂鼻"这只在全雄单元混迹多年的公猴，终于功德圆满了。回顾"裂鼻"的历程，它先是与"红点""黄毛"等"新青年"在一起与"断手"争斗（即前文中讲到的"三英战吕布"），后来又与"白脸"等"老油条"一起和"断手"争斗。现在"裂鼻"成功了，"白脸"则毫无收获，除了又增添了一些伤疤，它依然孑然一身，又黯然离开了猴群。

2015年的"白脸"

　　时光来到2016年的秋天，"白脸"离开一年多了，我再也没有看见过它，它也没有再回到猴群中。只是听响古箐的村民说，在附近的森林中不时会遇到一只大公猴，它不惧怕人，看见人总是慢条斯理地离开。听见这样的消息我总是会心一笑，我知道这只大公猴就是"白脸"，它没有离开响古箐山谷，它一直在猴群附近的森林中转悠，只是没有进入猴群。它是怎么啦？是看破红尘想退隐江湖了吗？还是在等待更好的机会呢？

　　10月，响古箐的森林在寒风的催促下开始变得五彩缤纷，秋天对于猴子们来说也意味着一年中最后一次盛宴的到来，各种成熟的果实将填满肚子，给它们提供丰富的营养和能量，它们吃得膘肥体壮，用厚厚的脂肪来迎接寒冬的到来。有一天下午我去上组沟查看红外相机，行进中发现右侧的山坡上有异动。原来在一株短柄稠李树上有一只大公猴在取食果实，我准备用望远镜观察，我想确定一下是哪一只猴子。这几年，我不光是对响古箐展示群的猴子进行个体识别，对其他猴群来的猴子我也进行个体识别，哪怕是短短来几天，我都要记录它们的识别特征，以方便掌握猴群的动态。

　　树上的大公猴可能是嫌弃我打扰了它取食，开始下树离开，我很着急，我还没有看清楚它的外貌呢。但机会还是来了，下树后它要穿过一小片草地到对面的森林中去，在穿过草地的时候它回过头来张望我，我抓住机会用400毫米长焦镜头拍下了它的面部特征。把照片在屏幕上放大后，一张熟悉的面孔映入眼帘，我一眼认出了屏幕中的猴子是"白脸"。尽管它的毛色发生了一些变化，显得光鲜亮丽，身体也明显肥了一圈，但"白脸"的右鼻孔短和歪斜，这个特征是无法改变的，照片上清楚地显示了这个特征。

和以前一样，在短暂的邂逅后"白脸"又不知去向，难道所有的剧情都一样吗？在单调的出走—回归、回归—出走中轮回，甚至让我们产生了倦意。

草甸与冷杉林

2016 年秋回眸的"白脸"

　　2017年，两只有伤病的猴子被收容到救护站进行治疗，一只是两岁多的小公猴"五乙"（响古箐展示群第二代"王者""大个子"的儿子），它在一次打斗中从树上坠落，右肩胛骨受伤；一只是3岁多的小母猴"四丁"（"单疤"的女儿），它感染了寄生虫。在两只猴子被收容到救护站的笼舍里面后，有个不速之客光临了救护站，它就是我们的老朋友"白脸"。"白脸"不知道什么时候回到了我们的身边，当然它可不是来看我们这些人类的，它径直走向了笼舍，隔着铁丝网与两只伤病中的猴子隔空对话，笼舍中的猴子发出悲戚的呜咽声，"白脸"则发出安抚声，像一个老者在安慰年轻人。3只猴子甚至还隔着铁丝网相互触摸，以此向对方表达情感，它们和人类一样是有感情的，它们也有自己表达感情的方式。

　　从此"白脸"每天都到救护站"打卡"，它会来到笼舍旁边与"五乙"和"四丁"咿咿呀呀交流一番，然后坐在笼舍旁边的云杉树、铁笼上或是栏杆上注视着它们。我仔细观察过"白脸"，它已经是满脸皱纹，面色苍老，已经不是当年的"小白脸"了。当年它毛艳脸白，所以我给它起名"白脸"。我与它已经相处了十余年了，在我关注它时它已

"四丁"和"五乙"

2017 年守候在网笼外的"白脸"

经是主雄了，当时应该有10岁了，这样说来现在的"白脸"已经是20多岁，20余岁对于滇金丝猴来说已经是"老人"了。后来我发现晚上"白脸"也睡在笼舍旁边的云杉树上，肚子饿了则到附近的树林中去找吃的，我们也会给它一些吃的，它吃饱了就回到笼舍旁，算是在救护站安了家，像一个尽职尽责的卫士和保镖一样守护着"四丁"和"五乙"。

随着"四丁"和"五乙"逐渐康复，将它们放归野外提上了议事日程。2019年6月2日，它们被放归到响古箐展示群中，结束了被救护的日子，回归到了野外。当天我有事不在现场，据说放归的当天"白脸"很早就守候在笼舍旁边。第二天我回站后赶紧去看猴群，我想知道它们的状况。

在早上9:00我就找到了"四丁"，它在猴群边缘的树上，显得很胆小，不敢靠近猴群。它没有回到原来的家庭中去，可能是长期与猴群隔离，猴群不接受它。它在树上取食和移动，身后的树枝也在摇动，原来在它的身后还跟随着一只公猴，我仔细观察是哪一只公猴，是"白脸"！它亦步亦趋地跟随着"四丁"。从情形上看"四丁"似乎不想理会"白脸"，因为它一直在走，"白脸"一直在跟，它主动，"白脸"

温情的注视

2018 年的"白脸"

被动。"白脸"把保镖工作从笼舍一直延伸到了森林中。在我暗自惊异的时候，另外一只猴子又出现在我视野中，是"五乙"，它跟随在"白脸"的后面，3只猴子前后相随排了一个长队。在11:00左右，它们还在同一株树上午休，它们就像是同一个家庭的成员一样。在此期间，"五乙"的哥哥"五甲"还过来和它一起玩耍，它们都是2015年"大个子"家庭出生的小公猴，从小一起长大，"五乙"受伤后它们已经两年多时间没有在一起，有太多的感情需要表达了，而小公猴之间，玩耍是最好的情感表达方式了。

从这以后，我特意多观察"白脸""五乙""四丁"的行为。以后几天它们都在一起活动，"四丁"在前，"白脸"和"五乙"在后。从这种状况看，我认为此时"四丁"还没有接受"白脸"。首先，行动总是"四丁"决定，"白脸"跟随，而雄性在家庭的行动中原本是起主导作用的。其次，它们之间没有抱团、理毛这些亲密行为，这些行为在配对的滇金丝猴两性中是很常见的。"四丁"不想接受"白脸"也很正常，"白脸"年老体弱，"四丁"应该更想找一个实力更强的公猴保护自己和将来的后代。至于"五乙"跟随它们，是没有栖身之所的权宜之计，它最后会到全雄单元中去的。

跟随"四丁"的"白脸"

事情在7月底出现了变化，首先"五乙"出现在了全雄单元中，没有再跟随"白脸"它们。其次，"四丁"和"白脸"之间开始有了抱团和理毛等行为，随后是邀配和交配的行为，"四丁"开始接受"白脸"了。它们与猴群总是保持一定的距离，似乎不想让其他猴子打扰它们的生活，像一对闲云野鹤的神仙伴侣，过起了朝夕相处的幸福生活。"白脸"靠自己的执着坚守终于俘获了"四丁"的"芳心"。"白脸"很有智慧，它知道以它的实力很难在猴群中抢夺到母猴了，所以退而求其次，去笼舍旁边蹲守被大家忽视的"四丁"，"四丁"被它感化了，"少女"和"大叔"终成眷属。

"白脸"总是给我们意外，以前吸引我们的是它飘忽不定的流浪生活，现在我们沉浸在它"老来得妻"的喜悦中。2020年3月12日，一则更好的消息从响古箐传来，"四丁"产下了一只婴猴，"白脸"上演"老来得子"，在植树节这个播种生命的日子里，"白脸"为我们带来了最好的礼物，一个充满希望的小生命。

"白脸"给"四丁"理毛

充满希望的小生命

恩怨

　　现在我们将目光转移到另外一只公猴身上，它也是一只"有故事"的公猴，是一只从响古箐猴群全雄单元中成长起来的公猴，从它的故事中我们可以更进一步了解全雄单元这个群体，感受猴群中的恩怨情仇。这只公猴的冠毛向一旁偏斜，所以我们叫它"偏冠"。

　　"偏冠"在2011年春天小试身手，从猴群中手臂有疾的公猴"拐手"处抢夺了"记号""小黑""记印""小妖"一众妻妾。2011年5月，它剑走偏锋，直接向暮年的王者"兴旺"发起攻击，抢夺了母猴"白玉顶"。在2012年底它又一次攻击"兴旺"，并直接导致了"兴旺"家庭的分解。

　　"偏冠"年纪轻轻就成家立业，也算是"有为青年"了。2011年春天，夺得家庭后的"偏冠"准备好好过日子，享受天伦之乐，可是别的公猴不允许。2011年的夏天，猴群中另一个有为青年"黑点"向它发起了攻击。这两只公猴都是从全雄单元中成长起来的，在近一年内都通过打斗厮杀，抢夺到了母猴。可能是想得到更多的母猴，"黑点"发起了兼并战。一场恶战之后，"偏冠"失手了，它的全部妻妾被"黑点"抢走了，"偏冠"又成了光棍。光棍的生活很自由，"偏冠"只身在猴群中，或是在附近游荡，过起了"相濡以沫，不如相忘于江湖"的生活，但江湖的恩怨再一次找上门来。

　　2011年8月23日，一场关乎全雄单元内部等级序位的打斗在树林中展开。这一段时间全雄单元中实力最强的有两股势力，一方是刚回到全雄的"偏冠"，它余威犹在。一方是以"大花嘴"和"缺犬"为代表的新兴势力。"大花嘴"膀大腰圆，威风凛凛，我一直非常看好它；"缺犬"的体格和"大花嘴"不相上下，只是不知什么原因有颗犬齿断了。它俩天天在一起行动，似乎结成了联盟。"偏冠"回到全雄单元中，成了"大花嘴"它们上位之路上的绊脚石，为了明确谁才是全雄单元中的"老大"，一场大战在所难免。

那天中午，我在观察猴群，大部分的全雄个体在一棵华山松上准备午休，"偏冠"也在其中，"大花嘴"和"缺犬"则在大树周围游弋。突然之间，"偏冠"和"大花嘴"交上火了，打斗就在华山松上进行，其余全雄纷纷逃窜。在树上一阵厮打之后，有一团黑影从树上掉下来。黑影跌落到地面时，我听见了"咔嚓"的声响。一只猴子挣扎着从地上爬起来，全雄单元中的小公猴围拢过来，好奇地看着坠树者。我看清楚了，跌落的猴子是"偏冠"，当"偏冠"爬起来行走时，右手无法触地，一甩一甩的，我意识到它手臂骨折了。它向我站的方向走过来，从我的身边走过，它脸上很平静，毫无痛苦的表情，嘴里哼了几声，像是在和我告别。面对这突发的情况，我呆住了，不知道要怎样帮助受伤的"偏冠"。我的后面是大森林，当我反应过来时，它已经消失在丛林中了。滇金丝猴的生命力真是强悍，骨折断臂都不在话下，依然能够自己从容离开。

从此，"偏冠"不知去哪儿了，它坚定地走向了森林。它会不会到森林深处寻找灵丹妙药，治疗手臂去了呢？谁也不知道。

2011年11月30日下午，猴群在阁之嘎对面的树林中，我结束了观察工作，准备回站。我走到救护站下方的草地上，看见有一只大公猴从草地的上方跑下来。它的跑姿很特别，一瘸一拐的，也不惧怕人，从我身边跑过去了。我看清楚了，跑下来的猴子是"偏冠"，它回来了。它一直跑到对面的树林中去了，可能是太想念猴群中的同伴了。只是它的手臂伤没有好，它的手从大臂处骨折后并没有掉落，吊在大臂处一晃一晃的使不上力，整个右手名存实亡，森林中没有灵丹妙药，好的是它保住了性命。

"偏冠"回到了猴群中，乖巧地待了几天，然后又不知去向了。"大花嘴"则在2011年秋天成功上位成为一名主雄。随着时光的流逝和身份的改变，"偏冠"与"大花嘴"的恩怨会一笔勾销吗？"偏冠"可是和"大花嘴"有"断臂之仇"的。

2012年9月的一天，"偏冠"又出现了，并且进入了猴群中。在森

2011 年春天，春风得意的"偏冠"

林深处"修炼"了大半年回归的"偏冠"似乎要制造点动静。回归后它与多只公猴进行了打斗，但都无果而终，它的目标似乎不在这些公猴身上。果然，在2012年12月30日，谜底揭晓了，又是一年岁末，又是一场"岁末大战"。

那天早上，猴群刚刚从睡梦中醒来，"偏冠"趁"大花嘴"戒备不高时进行了偷袭，"偏冠"身体残疾，靠偷袭才有获胜的机会。没打斗多久，附近的巡护员看见两只大公猴抱团从树上掉下来，并且听见了猴子掉到地面上"砰"的巨响。

9:00我来到猴群边上，看见"大花嘴"血肉模糊地蹲坐在树上，身后是它的家庭成员，"偏冠"在附近不断地对它的家庭进行骚扰。我从望远镜中看到"大花嘴"伤势很重，它的左耳和左胸都有伤口，鲜血直流，左手僵直，抓握不了东西，"偏冠"则完好无损。"偏冠"试图靠近"大花嘴"的母猴们，尤其是对"白隔"和"白玉顶"进行了纠缠，阻止它们回到"大花嘴"身边。"大花嘴"虽然伤势很重，但它仍努力守护着自己的妻儿。整个早上它们就这样对峙着，一会儿在树上，一会

右手残疾的"偏冠"

儿在地面。由于处在剑拔弩张的气氛中，两只公猴基本没有取食，母猴和小猴倒是大快朵颐，对它们来说吃饱喝足才是最重要的，可能是它们看惯了这样的场景，也知道必须接受改换门庭的命运。

午休时间，两只公猴也是在高度紧张的气氛中度过。下午，更糟糕的事情发生了，全雄单元中的5只亚成体公猴跟随在两只公猴后面，对"大花嘴"家庭的母猴和小猴不断进行骚扰，"大花嘴"和"偏冠"则不断进行示威和回击。这些亚成体公猴发现"大花嘴"受伤严重，"偏冠"本来就残疾，觉得有机可乘就尾随骚扰。大自然从来不缺少"机会主义者"，从获得食物到获得交配权，总有人在静待不劳而获的机会。当然这些小公猴还欠火候，在两只杀红了眼的公猴面前不堪一击，慢慢地就放弃了跟随和骚扰。

12月31日早上，"大花嘴"在树上缓慢取食，伤势在恶化，身后只有母猴"白隔"和青少年猴"零丁"跟随，其余的家庭成员不见踪影。我一直在树林中寻找"偏冠"，11点我找到了"偏冠"，"大花嘴"其余的母猴和小猴跟随在它身后。一夜之间，"剧情"发生了变化，"偏冠"

看见了胜利的曙光，"大花嘴"则滑向了痛苦的深渊。两只公猴在靠近后还不断进行对峙、示威和打斗，"大花嘴"想保住剩余的妻儿，"偏冠"则想扩大战果。

下午，"大花嘴"因为伤势太重放弃了剩余的妻儿，离开了群体，独自在一株曼青冈树上休息养伤，"偏冠"继承了它全部的妻儿。2013年元旦到来之际，"偏冠"以涅槃重生的姿态来迎接新年的曙光，它和"大花嘴"之间的恩怨是否也烟消云散了呢？1月2日早上，"偏冠"又一次袭击了"大花嘴"，"大花嘴"左手伤势很重无法抓握树枝，从树上掉了下来，身受重伤，无法动弹，躺在了树下，它们用最极端的方式了结了恩怨。

我们来到"大花嘴"身旁，将它搬运回救护站进行救治。我们对"大花嘴"的身体进行了全面的检查，它身上的旧伤还在流血，又添了很多新伤，尤其是头上有几个伤口很严重，可能第二次掉下树来的时候头先着地了。糟糕的是由于伤到了大脑，它无法控制自己的手脚，我们给它递送食物，它抓不到食物，更无法送到嘴里面，我们只得直接喂到它嘴里。曾经的"大花嘴"身体魁梧，性格好战，我一直看好它，觉得它可以和"兴旺""大个子"一样成为一代"王者"，但现在它却半身不遂了，一代"未来之星"就这样陨落了。"大花嘴"在救护站度过了它最后的几天时光。

我一直回忆这个事件的过程，我觉得滇金丝猴的公猴之间似乎也有"恩怨"，在全雄单元中时"大花嘴"将"偏冠"从树上击落，导致"偏冠"的手臂骨折，"偏冠"离开群体自行疗伤。后来"偏冠"回归猴群，对"大花嘴"进行了攻击，在打斗中导致"大花嘴"从树上掉下来两次，造成"大花嘴"身受重伤，不治身亡。"偏冠"的复仇之战让人惊叹，它完美地演绎了"以其人之道还治其人之身"。

"偏冠"在复仇之战中体现出了非凡的智慧和勇气，它手臂残疾，在树上打斗其实是不占优势的，但在地面打斗又百分之百打不赢"大花嘴"，真是进退两难。最后，它把战斗选择在树上。两只大公猴搂抱着从树上坠落，不排除是"偏冠"孤注一掷以命相搏，抱着"大花嘴"一起坠树，反正谁先着地各有50%的概率。"偏冠"很幸运地没有先着地，"大花嘴"却是不幸的一方，先着地成了"垫子"。两只公猴加起来有近50千克重，从20米高的树上掉下来冲击力可想而知。"偏冠"在弱势的情况下选择了最极端的做法，而这一次幸运之神站在了它这一边，它赌对了。

遍体鳞伤的"大花嘴"

　　在响古箐的猴群中，这样有"恩怨"的公猴有很多对，前面所讲述的"白脸"和"单疤"、"断手"与"红点""黄毛""裂鼻"三只公猴，也是纠缠了很多年，从全雄单元到成为主雄，反反复复地抢夺母猴和家庭，一直到老，它们的恩怨都没有了断，真是相爱相杀一辈子。还有我们的三代"王者"，"兴旺""大个子""红点"，它们靠踩踏着其他的公猴上位，它们的"王朝"倒塌，就有当年被它们打败的公猴的功劳，真是墙倒众人推，苍天饶过谁呢！这就是真实的野生动物的世界。滇金丝猴是智慧很高的灵长类动物，它清楚是谁夺去了它所拥有的，恩怨和宿命这些我们人类社会才有的东西，在滇金丝猴的社会中也存在，人与猴的情感世界是很相近的。

飞跃的公猴

189

紧跟母猴的"偏冠"

小 结

　　全雄单元作为一个特殊的雄性群体，它们不像母猴一样抚育后代，也不像主雄公猴一样保卫家庭，但它们在滇金丝猴社会中不是可有可无的，它们有着特殊的作用，它们是猴群的繁殖梯队。作为繁殖梯队，它们在适当的年龄加入争夺主雄的行列中，成为年老体衰的主雄们的替代者，促使滇金丝猴的雄性处于良好的新陈代谢中，为滇金丝猴群体的持续繁荣做出了贡献。这是表象的作用，它们还有隐性的作用。由于全雄单元的存在，滇金丝猴的雄性们尤其是主雄，必须时刻保持良好的状态，从身体到精神都不能懈怠，否则在优胜劣汰的规则中将被淘汰。全雄单元给整个雄性群体带来的压力，对于雄性滇金丝猴维持强悍的竞争力、生命力作用非常大，也不断促进整个群体的基因交流和优质化，这是全雄单元的天职和使命，也是全雄单元存在的意义。

　　如果滇金丝猴的世界中没有全雄单元这个群体，那将失去很多乐趣，它们是最富话题的群体，也是猴群中最活跃的群体。它们在少年时期顽皮可爱，成群结队地玩耍，在猴群中调皮捣蛋。到了青年时期它们蠢蠢欲动，在猴群中惹是生非，常常被大公猴教训。同时，"光棍俱乐部"呈现给我们的是率真，它们从不掩饰自己的想法，它们按照自己的意图行动，时时刻刻体现着对成长的渴望和对美好生活的追求。

　　全雄单元是一个恩怨交织的地方，全雄单元虽然是一个松散的组织，在看似平静的表面下，实则暗流涌动。全雄们从小就开始较劲，在打打闹闹中确定各自在群体中的等级序位，看似游戏却超越游戏。在长大后，在争夺主雄的战斗中，它们将撕破脸大打出手，往日的友谊被抛之脑后，冷酷无比。它们甚至以血缘关系、利益关系等结成了大大小小的联盟，以增加自己在争斗中获胜的概率。

在我回首响古箐的猴群时，我的脑海中首先会想到公猴，它们外露的性格让人记忆深刻，它们争斗的故事脍炙人口。全雄单元和主雄共同组成了滇金丝猴的雄性世界，它们处在不同的阶层，主雄处在上层，全雄单元处在下层。它们所处的阶层不是一成不变的，实力是决定阶层的关键，"从奴隶到将军"和"从将军到奴隶"的故事在这里太平常了。

"白脸""偏冠"是全雄单元中的代表，其实我们的"明星猴"："兴旺""大个子""红点"也是从全雄单元中成长起来的，它们将青春与激情挥洒在了全雄单元中。每一只公猴都是从全雄单元中成长起来的，全雄单元是公猴成长的摇篮，是名副其实的"社会大学"。全雄单元为滇金丝猴的雄性世界增添了一抹亮丽的色彩，也使雄性滇金丝猴的"江湖"变得更加变幻莫测，充满了吸引力。

翻越雪坡的全雄

展望未来